わかりやすい化合物命名法

九州保健福祉大学副学長
山本郁男

京都薬科大学准教授
細井信造

帝京大学薬学部教授
夏苅英昭

帝京大学薬学部教授
高橋秀依

共著

東京 廣川書店 発行

発刊にあたって

　東京大学名誉教授，現（財）日本医薬情報センター理事長，首藤紘一先生は「日本の医薬品構造式集（2008）」において，「医薬品にとって構造式は極めて多くの情報を内蔵し…」と述べられ，化学を忘れた薬学，構造式が分からない薬剤師が増えていることを嘆いておられる．そして，そのことを「唄を忘れたカナリアか」と述べられ，基礎薬学，特に有機化学の薬学における重要性を強調すると共に，再構築を訴えておられる．

　著者らも，全く同感であり，それには何よりも化合物の化学構造式をみて，名前を付けることができ，さらにはそれらの性質が分かることが肝要であると考えている．

　そこで，化合物の構造式に対して正しい名前を付け，名前をみたら構造式が書けることこそその第一歩であろうと思っていた矢先，幸いにも廣川書店発行の「化学と薬学の教室」に「わかりやすい化学」がシリーズであることを知り，ご理解を得て，「わかりやすい化合物の命名法」として連載することができたのである．このたび，一応の完結を迎えたので，このような小冊子として出版の運びとなった．

　断っておくが，本書は，化合物の命名法のすべてを網羅した完璧な成書を目指したものではない．このことをご理解いただき，薬学を学ぶ者にとって有機化学がより親しく身近なものと感じられるようになるための一つの道具（ツール）になることを願って止まない．

　なお，出版にあたって終始ご協力頂いた廣川書店社長廣川節男氏および島田俊二氏をはじめ編集部の方々に感謝申し上げたい．

2008 年 11 月

著 者 一 同

目 次

はじめに …………………………………………………………………………………… *1*

第 1 章　無機化合物 …………………………………………………………………… *3*
　1.1　無機化合物の名前の付け方　3

第 2 章　炭化水素 ……………………………………………………………………… *9*
　2.1　飽和炭化水素　9
　2.2　不飽和炭化水素　10
　　2.2.1　鎖式不飽和炭化水素　10
　　2.2.2　環式不飽和炭化水素　12

第 3 章　アルコールおよび関連化合物 ……………………………………………… *15*
　3.1　アルコール　19
　　3.1.1　アルコールの分類　19
　　3.1.2　アルコールの命名法　19
　3.2　フェノールの命名法　23
　3.3　エーテルの命名法　26
　　3.3.1　鎖状エーテル　26
　　3.3.2　環状エーテル　27
　3.4　エポキシド　29

第 4 章　アミンおよび関連化合物 …………………………………………………… *31*
　4.1　窒素-炭素単結合から成る化合物　31
　　4.1.1　構造の特徴　31
　　4.1.2　アミン，アンモニウム化合物の命名の仕方　31
　4.2　窒素-炭素二重結合から成る化合物　33
　　4.2.1　構造の特徴　33
　　4.2.2　イミンの命名の仕方　33
　4.3　窒素-炭素三重結合から成る化合物　34
　　4.3.1　構造の特徴　34
　　4.3.2　ニトリルの命名の仕方　34
　4.4　窒素-酸素単結合から成る化合物　35
　　4.4.1　構造の特徴　35
　　4.4.2　ヒドロキシルアミンの命名の仕方　35
　　4.4.3　オキシムの命名の仕方　35
　4.5　窒素-酸素二重結合から成る化合物　36
　　4.5.1　構造の特徴　36

4.5.2　ニトロ化合物およびニトロソ化合物の命名の仕方　36

第 5 章　アルデヒド，ケトンおよび関連化合物　43
5.1　アルデヒド　44
5.1.1　アルデヒドの名前の付け方　44
5.1.2　アルデヒドの IUPAC 命名法　44
5.2　ケトン　46
5.2.1　ケトンの名前の付け方　46
5.2.2　ケトンの IUPAC 命名法　47
5.3　ケテン　48
5.4　キノン　49

第 6 章　カルボン酸および関連化合物　53
6.1　カルボン酸の名前の付け方　54
6.2　エステルの名前の付け方　58
6.3　アミドの名前の付け方　58

第 7 章　異項環　63
7.1　異項環の位置番号の付け方　63
7.2　異項環にはどのようなものがあるでしょうか？　64
7.2.1　脂肪族異項環系　64
7.2.2　芳香族異項環系　65

第 8 章　栄養素と生体成分　69
8.1　糖質　69
8.1.1　糖質の分類　69
8.1.2　糖類の構造を表す重要な約束　70
8.1.3　単糖類の環状構造（ピラノース形とフラノース形）　74
8.1.4　糖類の命名（IUPAC）の例　74
8.1.5　単糖類の構造のまとめ　75
8.1.6　主な糖類の環状構造式　75
8.2　脂質　79
8.2.1　脂質ってなに？　79
8.2.2　単純脂質（中性脂肪）　79
8.2.3　複合脂質　82
8.3　アミノ酸とタンパク質　85
8.3.1　アミノ酸からペプチド，そしてタンパク質へ　85

命名法に関する問題 *93*

 コラム 1 薬学生は有機化学に強くなろう 10
 コラム 2 構造式を知らないために起こった薬害事件 11
 コラム 3 IUPAC 規則名と慣用名 13
 コラム 4 有機化合物の原子団をまず憶えよう！ 16
 コラム 5 薬学領域で一番複雑な構造をもつ医薬品 22
 コラム 6 ギリシャ数詞を憶えよう 25
 コラム 7 医薬品に含まれる基本骨格の名称と番号の付け方 28
 コラム 8 薬剤師国家試験に出題されたアルコールおよびフェノール類 29
 コラム 9 異性体 37

索引 *103*

はじめに

　なぜ化合物に名前を付けるのでしょうか？　改めて書くこともないことですが、ヒトは赤ちゃんが生まれると名前を付けますね．薬学太郎とか有機花子というように．親はいろいろな理由付けをしてその子の将来の幸せを思い，願い，祈り，命名します．しかし，その正式名とは別に，その子にニックネームを付けたり，単なる愛称で呼ぶこともあります．さらにヒトは犬，猫ときには鳥にも名前を付けますね．そうすればその対象を個別化できます．このように名前は非常に便利で有益です．「名は体を表す」というように，名前はヒトにせよ化合物にせよ，その性格を言い当てることができます．ところが，これまでに出ている化合物の命名法の成書は，いずれも系統的に書かれてはいますが，正直に言えばとても取り付きにくく，かつ理解しにくいものです．学問の基本は「分類，比較，統合，判断」と言われます．それには化合物を命名しておくと非常に便利ですし，また理解を容易にします．命名法がわかれば化学の半分は理解したと言っても決して過言ではないでしょう．そこで本書では，命名の仕方の基本のみに絞り，できるだけ多くの実例をあげながら，読んで理解しやすいように工夫しましたので，一緒に勉強しましょう．

第1章
無機化合物

1.1 無機化合物の名前の付け方

　一般に化合物には無機化合物と有機化合物があります．無機化合物は火に投ずると灰分になり残りますが，有機化合物は燃えると大部分が水と二酸化炭素となり後に何も残りません．これが無機と有機の簡単な判別法です．よってまず灰分となる無機のほうから始めましょう．無機化合物の命名法は周期表によるものがほとんどです．例えば，**食塩**．この名前は一般名であり，通称お塩（ニックネームのようなもの）と呼んでいます．ではその化学名はというと塩化物イオンとナトリウム陽イオンからできているということで**塩化ナトリウム**と呼んでいます．その構造式は **NaCl**（Na$^+$，Cl$^-$）のように書きますね．次は**重曹**（これもニックネームのようなもの．昔はふくらし粉と言っていました）を例にあげましょう．紅葉のころ栗拾いに出かけませんか？　拾ってきた栗で渋皮煮を作るとき，またおせち料理で黒豆を煮るときに，それらを柔らかくする目的あるいはパンをふくらませるために**重曹**を使います．環境問題が注目されている昨今，洗剤としての利用も増えてきているようです．この名前は通称名であって，正式な化学名は**炭酸水素ナトリウム**といいます．またその構造式を **NaHCO$_3$** と書きますね．最近，自宅で手軽に温泉気分を味わうことができるようになりました．もう1つの例としてその温泉の素に入っている成分の1つが，**芒硝**（ボウショウ）です．また，有機化学系の研究室では水を取る（脱水）のにそれを利用します．その化学名は**硫酸ナトリウム**（無水）であり，その構造を **Na$_2$SO$_4$** と書き表します．さらにサスペンスドラマや小説，実際の事件でも死亡原因となる毒物としてよく登場するのが**青酸カリ**（ウム）（猛毒）です．この名前は通称名であり，化学名は**シアン化カリウム**，その構造は **KCN**（K$^+$，CN$^-$）と書きます．普通，**陰イオン**を先に書き，あとに**陽イオン**がきます．このようにあとで説明しますが，有機化合物に比べて，無機化合物の場合はわりと構造が単純であることが多く，その名前の付け方も一定の規則さえわかっていればそれほど難しくないのです．

　本題に入る前に，ここで今一度，**通称名**について考えてみましょう．通称名は元々化学構造とは無関係に昔から使われている呼び名ですね．でもこれが現在では不適当なものが多いのです．その例を見てみましょう．

（1）苛性ソーダ（正式な化学名：水酸化ナトリウム，NaOH）

今でもよく使う名前ですが，2つの点で問題があります．1つは，**苛性**（caustic）というのは腐食性という意味をもっており，水酸基をもつという構造に関する情報がそれにはありません．2つ目には，ソーダ（soda）というのは正式な日本語名として認められていないのですが，単純には炭酸ソーダを意味します．

苛性アルカリ（Na，K，…）という一群に対する総称名もあります．アルカリは強いアルカリ性をもっているからです．次にちょっと複雑な例をあげましょう．

（2）フェロシアン化カリウムとフェリシアン化カリウム

これらの名前の最初の「フェロ」，「フェリ」はそれぞれ第一鉄（ferrous）と第二鉄（ferric）を表しています．また，それらは結晶の色でそれぞれ黄血塩，赤血塩という呼び方もあります．この第一，第二のような呼び方は金属の種類によってその酸化状態は異なります．鉄の場合，第一鉄は2価のイオン（Fe^{2+}）で，第二鉄は3価（Fe^{3+}）であり，他の金属についてもひとつひとつ知っていなければ名前を呼べないことになります．現在では，金属の名前の後にその価数を示すことになっています．したがって，フェロシアン化カリウム（$K_4[Fe(CN)_6]$）およびフェリシアン化カリウム（$K_3[Fe(CN)_6]$）はそれぞれヘキサシアノ鉄(II)酸カリウム，ヘキサシアノ鉄(III)酸カリウムというのが正しい呼び方なのです．本来，このようにその名前をみればその構造がわかるようなものでなければ実用的でないと思いませんか？

その他，代表的な無機化合物の化学名と通称名を下に示します．

構造式	化学名	通称名	構造式	化学名	通称名
Cl^-	塩化物イオン	塩素イオン	$CaCl_2 \cdot Ca(OCl)_2 \cdot 2H_2O$	混合物	サラシ粉
$FeSO_4$	硫酸鉄(II)	硫酸第一鉄	$Fe_2(SO_4)_3$	硫酸鉄(III)	硫酸第二鉄
$FeCl_2$	塩化鉄(II)	塩化第一鉄	$FeCl_3$	塩化鉄(III)	塩化第二鉄
CaO	酸化カルシウム	生石灰	$Ca(OH)_2$	水酸化カルシウム	消石灰

さて，先にもふれたように本題の名前の付け方をみてみましょう．そもそも無機化合物は**陽性成分**（陽イオン）と**陰性成分**（陰イオン）の組合せでできているのです．したがって，それらをどういう順番に読めばよいのか，その規則さえわかっていれば大丈夫です．まず，日本語で名前を付けるとき，原則として①陰性成分を前に，陽性成分を後ろにもってくればよい（例，塩化ナトリウム，NaCl），②陽性，陰性成分が複数個ある場合は，それぞれについて反対の成分に近いものから順次つけていけばよい（例，水素化アルミニウムリチウム，$LiAlH_4$　H：陰性成分；Li，Al：陽性成分），③金属については，その後ろにカッコを付けてその価数を示す（例，鉄(II)，鉄(III)）．あとはそれぞれの成分の正しい呼び方を憶えればよいのです．ただし，その化合物において個々の成分をイオンと考えたときのその電荷の数を知っておく必要があります．

それでは実際の例でみてみましょう．

例1） Na_2CO_3：陽性成分は「$2Na^+$＝ナトリウム」，陰性成分は「CO^{2-}＝炭酸」です．
陰性成分→陽性成分の順で付ければよいので，よって**炭酸ナトリウム**となります．

例2） KH_2PO_4：陽性成分は「K^+＝カリウム」と「H^+＝水素」（この場合，水素は陽性成分になることに注意！），陰性成分は「PO_4^{3-}＝リン酸」です．例1と同じ順番で付ければよいのですが，

この場合水素の前にその**数**を示します．よって**リン酸二水素カリウム**となります．

例3 Fe₂(NO₃)₃：陽性成分は「2Fe³⁺＝鉄」，陰性成分は「3NO₃⁻＝硝酸」です．上と同様に付けると硝酸鉄となります．ここで忘れてはならないのが鉄の価数です．3価ですから，よって**硝酸鉄(Ⅲ)**となります．簡単でしょう！

表1.1はこれから薬学領域(国家試験等)で出てくる代表的な無機化合物とその名称および用途です．

表1.1

化学式	名称	用途
BH₃	水素化ホウ素（ボラン）	アルケンのヒドロホウ素化
Br₂	臭素	オレフィンへの臭素付加（二重結合の定量等）
ClO₂	二酸化塩素	強力な酸化剤，漂白剤，殺菌剤
D₂O	重水	核磁気共鳴スペクトル測定法
HClO	次亜塩素酸	強力な酸化作用，水の消毒
HCN	シアン化水素（青酸ガス）	Kiliani-Fischer 合成（炭素鎖伸長による糖の合成など）
HIO₄	過ヨウ素酸	過ヨウ素酸分解（酸化剤，例：天然物の構造決定）
HNO₃	硝酸	塩化物試験法，酸素フラスコ燃焼法，王水
H₂O₂	過酸化水素	過マンガン酸塩の定性反応，殺菌剤，漂白剤
H₂S	硫化水素	鉛塩の脱塩
H₂SO₃	亜硫酸	ヒ素試験法
H₂SO₄	硫酸	Liebermann-Burchard 反応（ステロイド，トリテルペンの呈色反応）
I₂	ヨウ素	二重結合の定量（ヨウ素価），酸化剤（チオール等の酸化）
(NH₄)₂CO₃	炭酸アンモニウム	マグネシウム塩およびカルシウム塩の定性反応
(NH₄)₂S	硫化アンモニウム	亜鉛塩の定性反応
(NH₄)₂S₂O₈	ペルオキソ二硫酸アンモニウム（過硫酸アンモニウム）	小麦粉改良剤（食品添加物）
O₃	オゾン	アルケンのオゾン分解（天然物の構造決定等に利用）
SO₂	二酸化硫黄（俗に亜硫酸ガス）	漂白剤
SOCl₂	塩化チオニル	カルボン酸から酸クロリドの合成
AlCl₃	塩化アルミニウム	Friedel-Crafts アルキル化反応
AgNO₃	硝酸銀	塩化物試験法，シアン化物，塩化物，臭化物およびヨウ化物の定性反応
Ag₂O	酸化銀	酸化剤（例：アルデヒドからカルボン酸への酸化）
BaCl₂	塩化バリウム	硫酸塩の定性反応，空気中 CO₂ の定量（バリット法）
CaCl₂	塩化カルシウム	乾燥剤（無水物），融雪剤（水和物）
CaCl(OCl)	さらし粉，クロールカルキ	漂白剤，殺菌剤，アニリンの検出反応
CrO₃	三酸化クロム	アルコールの酸化
Cu₂O	酸化銅(Ⅰ)	フェーリング反応時の赤色沈殿物
CuSO₄	硫酸銅(Ⅱ)	フェーリング反応（糖の酸化），窒素定量法
FeBr₃	臭化鉄(Ⅲ)	ベンゼンのハロゲン化
FeCl₃	塩化鉄(Ⅲ)	フェノール性化合物の呈色，2-デオキシ糖の呈色（Keller-Kiliani 反応）
Fe₂O₃	酸化鉄(Ⅲ)（べんがら）	着色料，研磨剤
FeSO₄	硫酸鉄(Ⅱ)	亜硝酸塩の定性反応，色調調整剤
Fe₂(SO₄)₃	硫酸鉄(Ⅲ)	ベルトラン法による還元糖の定量

第1章　無機化合物

表 1.1 つづき

化学式	名称	用途
HgCl$_2$	塩化水銀(II)	アルキンの水和反応,チロシンの定性反応
KBr	臭化カリウム	赤外線吸収スペクトル測定法
KBrO$_3$	臭素酸カリウム	小麦粉改良剤（食品添加物）,酸化還元滴定の標準物質
K$_2$CrO$_4$	二クロム酸カリウム	過酸化物および銀塩の定性反応
K$_3$[Fe(CN)$_6$]	ヘキサシアノ鉄(III)酸カリウム,フェリシアン化カリウム（水和物を赤血塩という）	第一鉄塩の定性反応
K$_4$[Fe(CN)$_6$]	ヘキサシアノ鉄(II)酸カリウム,フェロシアン化カリウム（水和物を黄血塩という）	第二鉄塩の定性反応
KHSO$_3$	亜硫酸水素カリウム	漂白剤,発色剤
KI	ヨウ化カリウム	過酸化物,塩化物および亜硝酸塩の定性反応,I$_2$の溶解補助剤
KMnO$_4$	過マンガン酸カリウム	酸化剤,シュウ酸塩の定性反応,ベルトラン法による還元糖の定量
KNO$_3$	硝酸カリウム	発色剤（食品添加物）
KOH	水酸化カリウム	エステルの加水分解（けん化），酸価，ライヘルトマイスル価の測定
KSCN	チオシアン酸カリウム	亜鉛塩の定性反応,ロダンカリともいう（SCNをロダンという）
K$_2$SO$_4$	硫酸カリウム	カリ肥料
K$_2$S$_2$O$_5$	二亜硫酸カリウム（ピロ亜硫酸カリウム），メタ重亜硫酸カリウム*	漂白剤（食品添加物），写真定着剤
LiAlH$_4$	水素化アルミニウムリチウム	アルデヒド,ケトンの還元
Mg	マグネシウム	フラボノイド類の呈色（HCl-Mg反応），グリニャール試薬の調製
Mg(NO$_3$)$_2$	硝酸マグネシウム	重金属試験法
MnO$_2$	二酸化マンガン	アリルアルコールの酸化
NaBH$_4$	水素化ホウ素ナトリウム	アルデヒド,ケトンの還元
NaClO$_2$	亜塩素酸ナトリウム	殺菌剤,漂白剤
Na$_3$[Co(NO$_2$)$_6$]	ヘキサニトロコバルト(III)酸ナトリウム	カリウム塩の定性反応
NaHSO$_3$	亜硫酸水素ナトリウム	脂肪族アルデヒドの検出（亜硫酸水素付加物），塩素酸塩の定性反応,漂白剤,酸化防止剤
NaNO$_2$	亜硝酸ナトリウム	芳香族第一アミン,塩素酸塩,臭素酸塩およびヨウ化物の定性反応,ニトロソ化反応,発色剤,防腐剤
NaNO$_3$	硝酸ナトリウム	発色剤
NaOCl	次亜塩素酸ナトリウム	漂白剤,殺菌剤
NaOH	水酸化ナトリウム	オキシアントラキノン類の呈色
Na$_2$S	硫化ナトリウム	亜鉛塩の定性反応
Na$_2$SO$_3$	亜硫酸ナトリウム	還元剤,漂白剤
Na$_2$S$_2$O$_3$	次亜硫酸ナトリウム,チオ硫酸ナトリウム	漂白剤,青酸の解毒剤

表 1.1 つづき

化学式	名称	用途
$Na_2S_2O_5$	二亜硫酸ナトリウム（ピロ亜硫酸ナトリウム）*	抗酸化剤（食品添加物）
OsO_4	四酸化オスミウム	アルケンよりジオールへの変換
Pd-C	パラジウム炭素	接触還元の触媒
TiO_2	酸化チタン(IV)	研磨剤，紫外線防止剤，着色料（白色）
Zn(Hg)	亜鉛アマルガム	Clemmensen還元

* オルト (ortho)：無機化合物では最高に水和された酸をいう．例えばオルトリン酸 H_3PO_4（$P_2O_5 \cdot 3H_2O$）を示す．
ピロ (pyro)：オルト酸2分子から水1分子を失ったものをいう．
メタ (meta)：オルト酸1分子から水1分子を失ったものをいう．
有機化合物の置換基の位置にオルト，メタ，パラがありますがこれとは違います．

第2章 炭化水素

2.1 飽和炭化水素

炭素（C）と水素（H）だけの化合物，C_nH_{2n+2}の組成をもちます．

アルカン Alkane（メタン系列炭化水素ともいいます．）

炭素数4以上は分岐による**異性体**が存在します．この中で$C_4 \sim C_6$は**気体**，$C_5 \sim C_{16}$は**液体**，C_{17}以上は**固体**ということも知っておきましょう．あとで役に立ちます．まず$C_1 \sim C_{10}$までを覚えて下さい．

メタン methane（CH_4），**エタン** ethane（C_2H_6），**プロパン** propane（C_3H_8），**ブタン** butane（C_4H_{10}），**ペンタン** pentane（C_5H_{12}），**ヘキサン** hexane（C_6H_{14}），**ヘプタン** heptane（C_7H_{16}），**オクタン** octane（C_8H_{18}），**ノナン** nonane（C_9H_{20}），**デカン** decane（$C_{10}H_{22}$）

アルキル基 Alkyl group（上記のアルカン系炭化水素より水素が1個少ないC_nH_{2n+1}の組成をもちます．）

アルキル基は通常 **R** で表されます．上のアルカン名の語尾，すなわち「-ane」を「-yl」に換えればよいわけです．これも重要なので何度も復唱して憶えましょう．

メチル基 methyl（CH_3-），**エチル基** ethyl（C_2H_5-），**プロピル基** propyl（C_3H_7-），**ブチル基** butyl（C_4H_9-），**ペンチル基** pentyl（$C_5H_{11}-$），**ヘキシル基** hexyl（$C_6H_{13}-$），**ヘプチル基** heptyl（$C_7H_{15}-$），**オクチル基** octyl（$C_8H_{17}-$），**ノニル基** nonyl（$C_9H_{19}-$），**デシル基** decyl（$C_{10}H_{21}-$）

例 アルキル水銀 **R**HgCl（水俣病原因物質）　R＝CH_3：メチル水銀
　　アルキルスルホン酸 **R**SO_3H（Na塩は陰イオン性界面活性剤）

アルキル基の結合様式（直鎖，分岐）に基づく名前の付け方

◆**直鎖状**（ノルマル normal → **n**-と略記）
　例 n-ブタン（ガスライターの燃料），n-ヘキサン（植物成分の抽出や分離・分析に汎用される有機溶媒），n-オクタン（ガソリンの構成成分）
◆**二つ枝分かれ**（イソ **iso**-と略記）炭素（C）数が3個以上の場合に用いられます．したがってメタン（C_1），エタン（C_2）には存在しないのです．

例 *iso*-プロピル，*iso*-ブチル，*iso*-ペンチル（*iso*-アミルともいいます）

◆**三つ枝分かれ**（ターシャル tertial → ***tert-*** と略記）炭素（C）数が 4 個以上の場合に用いられます．したがって，プロパン（C$_3$）には存在しないのです．

例 *tert*-ブチル，*tert*-ヘプチルなどがあります．

CH$_3$-CH$_2$-CH$_2$-	H$_3$C 　＼ 　　CH— 　／ H$_3$C	CH$_3$ 　　　| H$_3$C-C— 　　　| 　　　CH$_3$
n-プロピル	*iso*-プロピル	*tert*-ブチル

コラム 1　薬学生は有機化学に強くなろう

　この世の中には，大体約 1500 万種の化合物があるといわれています．これは Chemical Abstracts *¹ という抄録に記載されたものです．このうち**数%は無機化合物**ですが，**残りのすべては有機化合物**（おそらく 96 ～ 98 %）です．昨今の薬学生は有機化学に弱いといわれます．医薬品のほとんどは有機化合物です．したがって，現在の薬剤師は本当に医薬品の物性を知らないということになります．化学構造，いわゆる構造式を正確に呼べない，正確に読めない，正確に書けない．化合物にははっきりと分子式，示性式があり，分子量をもち化学構造式で書くことができます．構造式には多くの情報がつまっています．

　かつての薬学は長井長義先生を出発として，植物成分の単離と構造研究を行ってはなばなしい植物化学，天然物化学という分野を薬学にもたらしました．しかし，最近は医療薬学，生命薬学に傾斜しているために，薬学生に有機化学離れが目立っています．首藤紘一氏（東京大学名誉教授）は，かつて強かった薬学が有機化学に弱くなったことを，「歌を忘れたカナリヤか」と嘆いておられます．これは一に化合物の呼び方，命名法を知らないからです．ヒトを憶えるとき，名前を憶えて初めて，相手の人柄や心を掴み愛情が芽生えるように，化合物（中には大切な医薬品がたくさんある）を知ることは，その化合物の薬理作用や毒性（副作用）を知ったり，相互作用を理解する基本となります．また分析法（医療薬学で重要な TDM）や薬物動態（ADME）には構造式は欠かせません．

---

*¹ CA と略記．1907 年に創刊．化学およびその関連領域の世界最大の抄録誌．アメリカ化学会が指導，発行．

2.2　不飽和炭化水素

炭素-炭素二重結合あるいは三重結合をもつ炭化水素の総称です．

2.2.1　鎖式不飽和炭化水素（エチレン，アセチレンおよびその仲間）

（1）二重結合をもつもの

　アルケン Alkene（エチレン系列炭化水素ともいいます．）

エチレン ethylene（エテン ethene）CH₂=CH₂

プロピレン propylene（プロペン propene）CH₃CH=CH₂

　名前の付け方は，alkane の語尾の「-ane」を「-ene」に換えればよい，すなわち「alkene」となるのです．また，これらから水素原子を1個取ったものが対応する置換基となりますが，この場合，alkene の語尾の「-e」を「-yl」に置き換えればよいのです．例えば，ethene の場合，ethenyl 基 CH₂=CH−（ビニル基 vinyl と呼ぶことのほうが多い）となります．例として，ビニルアルコール（CH₂=CHOH）やビニルエーテル（CH₂=CH−O−CH=CH₂）などがあります．propene の場合，propenyl となり2つの可能性がでてきます．つまり，

$$\overset{3}{C}H_2=\overset{2}{C}H-\overset{1}{C}H_2- \quad (A) \quad と \quad \overset{3}{C}H_3-\overset{2}{C}H=\overset{1}{C}H- \quad (B)$$

です．故にこれらの場合，結合末端から順に番号を付けることで二重結合の位置の違いを表すことができます．すなわち，**A** は 2-propenyl，**B** は 1-propenyl となります．**A** は一般に**アリル基** allyl と呼んでいます．このような慣用的に用いられる名称も憶えましょう．

(例) エテニルもしくはビニル（ethenyl or vinyl　CH₂=CH−），2-プロペニルもしくはアリル（2-propenyl or allyl　CH₂=CH−CH₂−），1-プロペニル（1-propenyl　CH₃−CH=CH−），シクロヘキセニル（cyclohexenyl　⌬−）などがあります．

(2) 三重結合をもつもの

アルキン Alkyne といいます．

　アセチレン acetylene（エチン ethyne）　HC≡CH

　名前の付け方は，alkane の語尾の「-ane」を「-yne」に換えればよい，すなわち alkyne となります．また，対応する置換基の場合も二重結合をもつものと同じように alkyne の語尾「-e」を「-yl」に置き換えてやればよいのです．

(例) エチニル（ethynyl　HC≡C−）

コラム2　構造式を知らないために起こった薬害事件

　1つ例をあげましょう．それはあの有名な**ソリブジン事件**です．これは抗がん剤である**テガフール**（フルオロウラシルを代謝物として生成）を服用中，帯状疱疹（ヘルペス）にかかり，その治療薬である**ソリブジン**を服用したために16名の患者が死亡したという事件です．これは後になって指摘されたことですが，もしこの薬物を開発したり使ったりした薬剤師が化学構造式を知っていたらこの事件は起こらなかったであろうということです．――それは両者とも基本的に同じ構造式（オキソピリミジン骨格）をもったものだったからです．

テガフール　　　ソリブジン　　　□ = オキソピリミジン骨格

2.2.2 環式不飽和炭化水素（ベンゼンおよびその仲間）

　ベンゼンの仲間を**芳香族炭化水素**といいますね．ここでは，ベンゼンに**メチル基**またはフェニル基（ベンゼン核の別名）を1個ずつ加えたとき，生成する化合物の名前の付け方を憶えましょう．まず，その基本となるのが"**ベンゼン**（benzene）"．ベンゼンに1つメチル基を付けると"**トルエン**（toluene）"になります．この場合のように，置換基が1つのときは，位置を表す番号（位置番号）を付ける必要はありません．なぜなら，どこにメチル基をおいても同じだからです．次に，トルエンにもう1つメチル基を付けたらどうなるでしょう？　すなわち，**キシレン**ですが，これは3種類の配置が可能です．置換基（この場合メチル基）の位置関係により，次のように呼びます．隣り合っている場合は"オルト-（*ortho*-），*o*-"または"1,2-"，炭素1つ間にはさんでいる場合は"メタ-（*meta*-），*m*-"または"1,3-"，炭素2個はさんで向かい合っている場合は"パラ-（*para*-）または*p*-"または"1,4-"となります．このように，2つの置換基が付いている場合はそれらの位置を表す必要があるわけです．よってメチル基を2個もつベンゼンの名前は，"*o*-xylene（1,2-dimethylbenzene）"，"*m*-xylene（1,3-dimethylbenzene）"，"*p*-xylene（1,4-dimethylbenzene）"となります．なお，カッコ内はIUPAC名です．もし，トルエンにメチル基以外の置換基（例えばエチル基）をメチル基の隣の位置に付けたとき，どのように名前を付ければよいのか考えてみましょう．実は，このような場合，ルールがあるのです．それは"置換基の頭文字のアルファベット順に番号をつける"というものです．メチル基（methyl）は"m"で始まり，エチル基（ethyl）は"e"で始まります．a,b,c…の順でいくと，エチル基のほうが先にくるので，こちらに位置番号"1"を当てます．よって，名前はIUPAC名で"1-ethyl-2-methylbenzene"となります．次に，トルエンに2個のメチル基を付けることを考えてみましょう．いくつの配置が可能（異性体の数）ですか？　その答えは3種です．もし，ベンゼンの水素をすべてメチル基に置き換えた化合物を考えてみましょう．その名前は"1,2,3,4,5,6-hexamethylbenzene"（コラム6参照）です．

　次に，トルエンにメチル基以外の置換基を付けてみましょう．先と同じように，例えば**水酸基**を1つ付けると3種の異性体（*o*-，*m*-，*p*-）が可能になります．これら3種の異性体は混合物として殺菌消毒剤として使われます．これを**クレゾール**といいます．コールタール，石油分解物から得られる液体物質です．

　さて，今度はベンゼンにもう1つベンゼン（フェニル基）を付けた場合を考えてみましょう．もし，2つのベンゼンの炭素-炭素結合が重なり合うようにくっ付けると"**ナフタレン**（naphthalene）"ができます．同じようにしてもう1つのベンゼンを付けてみると2通りの付け方が可能ですね．それらを"**アントラセン**（anthracene）"，"**フェナントレン**（phenanthrene）"と呼びます．

　また，2つのベンゼンを1つの炭素-炭素単結合で結ぶとフェニル基2個で"**ビフェニル**（biphenyl）"という化合物ができます．これを塩素と鉄触媒下に反応させると，塩素原子に置換されたポリ塩化ビフェニル（略称：PCB）と呼ばれる化合物が生成します．この化合物は化学的に安定で，しかも電気絶縁性に優れているということで，これまで様々な分野で使用されてきました．しかし，現在ではそれらの極めて高い毒性のため，法律で使用が厳しく規制されています．カネミ油症事件の原因物質，環境汚染物でもあります．これらの化合物を図2.1にまとめました．

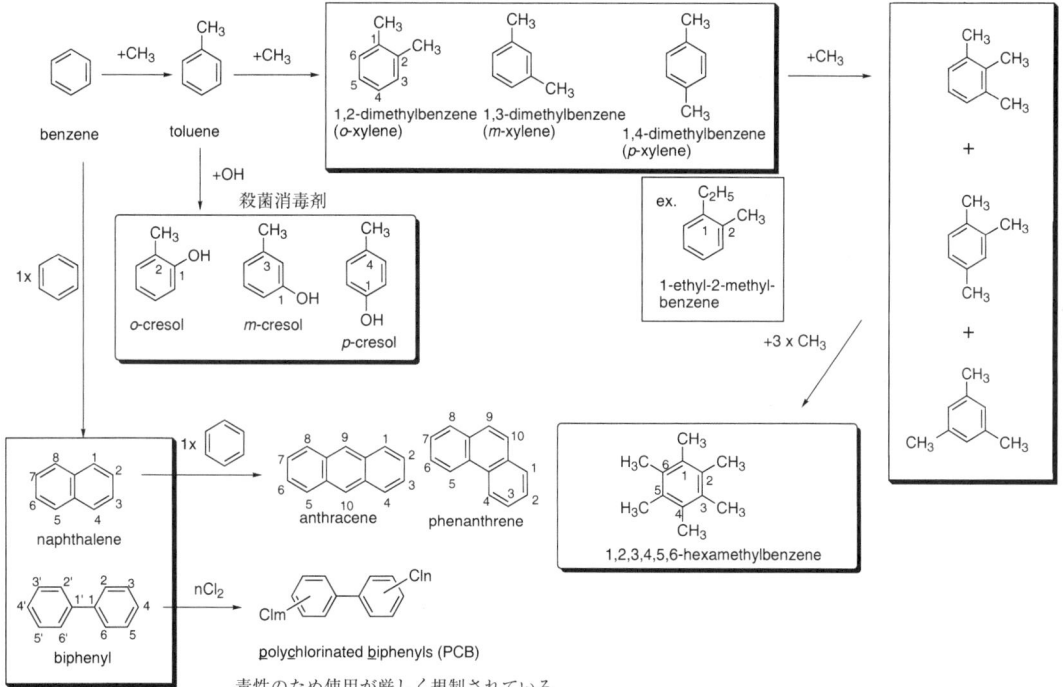

図 2.1 ベンゼンおよびその仲間

コラム 3　IUPAC 規則名と慣用名

　化学物質を系統的に**命名**（nomenclature という）する法則の最も重要な基本は，**国際純正および応用化学連合**（**IUPAC**, International Union of Pure and Applied Chemistry）で，数年ごとに改正される「無機化合物命名法」と「有機化合物命名法」によります．これに基づいた名称が正式なものとなっています．もちろん薬剤師国家試験にも **IUPAC 規則名**に従って出題されています．しかしながら，それに至るまでにはいくつかの基本となるルールを理解し記憶すること（憶えることは暗記ではありません！）が必要です．これに対して IUPAC 命名規則制定前に慣用されていた化合物名を**慣用名**と呼びます．**通俗名**ともいいます．化合物の特性や由来した生物，事物に関連したものが多いです．これら慣用名，通俗名も完全には死語にはなっていないのでこの本にあるもの位は憶えておいて下さい．

第3章
アルコールおよび関連化合物

　朝日新聞「天声人語」にこういうのがありました．「名前を付けるという行いは，子どもなどの命名に限らず，なにがしかの厳粛さを伴うものである」と．考えてみるとヒトが愛飲する酒の主成分はエチルアルコール（C_2H_5OH）ですが，我々はエタノールあるいは単にアルコールと呼んでいます．これは中世ラテン語 alc-kuhul（酒精）という語源からきています．「酒の精」とは何と奥の深い名前ではないでしょうか．本章では，**水酸基**（hydroxy group）をもつ，あるいはそれから派生して生成する化合物，**アルコール**（R–OH），**フェノール**（Ar–OH），**エーテル**（R–O–R′）および**エポキシド**（R△R′）を中心にまとめてみましょう．

　ここで，水の分子を1個の水素原子（H）にヒドロキシ基 –OH（以下 OH 基で表す）が結合したものと考えると，例えば飽和炭化水素エタン（CH_3CH_3）の CH_3 の H を **OH 基に置き換えたもの**（ヒドロキシ化合物）は**脂肪族アルコール**（aliphatic alcohol）といいます．エチルアルコールは単に**アルコール**（alcohol）ということができます．

H—OH　　R—OH
　水　　　アルコール

　また，芳香環の炭素原子に OH 基が結合したものを**芳香族アルコール**，これを通称**フェノール**（**phenol**）と呼びます．さらにアルコールまたはフェノールの OH 基の水素原子が別の炭素原子に置換された構造，言い換えれば2個の炭化水素基 R が1個の酸素原子に結合したもの，すなわち**2分子のアルコールから1分子の H_2O がとれたもの**をエーテル（**ether**）と呼びます．

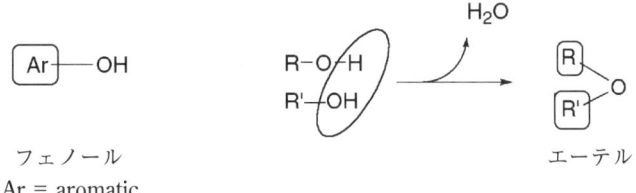

フェノール　　　　　　　　　　　　　　　　　エーテル
Ar = aromatic

　では順を追ってアルコール，フェノール，エーテル，エポキシドの順で命名の仕方をみてみましょう．

コラム 4　有機化合物の原子団をまず憶えよう！

　有機化合物（organic compound）は，一言でいうと炭素（C），水素（H）と酸素（O）を含む化合物のことです．これには**鎖状**および**環状化合物**があり，また，これら以外に窒素（N）を含み，時には硫黄（S），リン（P）やケイ素（Si）をその構造にもつものもあります．医薬品のほとんど（アスピリンなどを除く）は**窒素含有化合物**です．これを**ヘテロ**（hetero とは他の，異なったという意．homo の反対語）**化合物**，または**異項環化合物**という場合もあります．ただし，炭素，窒素を含む化合物中，一酸化炭素（CO），二酸化炭素（CO_2），二硫化炭素（CS_2）やシアン化ナトリウム（NaCN）など簡単なものは無機化合物として扱います．有機の対語として必ず無機が使われることも併せて頭に入れておきましょう．

　よく**有機塩素化合物**，**有機金属化合物**，**有機リン系殺虫剤**とか**除草剤**，**有機溶剤**などとして一群の名称（総称）として使われます．ここでいう原子団は **CH_3**（メチル基），**C_6H_5CO**（ベンゾイル基），**SO_4**（硫酸根）などです．これによって化合物をより簡単に呼べるようになります．

　以下に，他の重要な**原子団**をまとめましたので是非覚えて下さい．

表 2.1　重要な原子団表

1）非環状型

名称（英名）	原子団の構造	名称（英名）	原子団の構造
アジド（azido）	$-N_3$	ジアゾ（diazo）	$-N^+\equiv N$
アセチル（acetyl）	CH_3CO-	スルホ（sulfo）	$-SO_3H$
アセトキシ（acetoxy）	CH_3COO-	スルフィド（sulfide）（チオ thio ともいう）	$-S-$
アゾ（azo）	$-N=N-$		
アミノ（amino）	$-NH_2$	スルホキシド（sulfoxide）（スルフィニル sulfinyl ともいう）	$-SO-$
アリル（allyl）	$CH_2=CHCH_2-$		
アルデヒド（aldehyde）	$-CHO$	スルホン（sulfone）	$-SO_2-$
イソシアナト（isocyanato）	$-NCO$	ニトリル，シアノ（nitrile, cyano）	$-CN$
イソニトリル（isonitrile）（イソシアノ isocyano ともいう）	$-NC$	ニトロ（nitro）	$-NO_2$
		ニトロソ（nitroso）	$-NO$
イソプロピル（isopropyl）	$(CH_3)_2CH-$	ヒドラゾ（hydrazo）	$-NH-NH-$
イミノ（imino）	$=NH$	ヒドロキシ（hydroxy）（オキシ oxy ともいう）	$-OH$
エーテル（ether）	$-O-$		
エチニル（ethynyl）	$CH\equiv C-$	ヒドロキシアミノ（hydroxyamino）	$-NHOH$
エチル（ethyl）	CH_3CH_2-	ビニル（vinyl）	$CH_2=CH-$
エトキシ（ethoxy）	C_2H_5O-	プロピオニル（propionyl）	$-COCH_2CH_3$
エポキシ（epoxy）	$>C\underset{O}{\!-\!\!-\!}C<$	プロピル（propyl）	$-CH_2CH_2CH_3$
		2-プロペニル（propenyl）	$-CH=CH-CH_3$
		メルカプト（mercapto）	$-SH$
カルバモイル（carbamoyl）	$-CONH_2$	メトキシ（methoxy）	$-OCH_3$
カルボキシル（carboxyl）	$-COOH$	メチリデン（methylidene）	$CH_2=$
カルボニル（carbonyl）	$>C=O$	メチレン（methylene）	$-CH_2-$
ケト（keto）	$-\overset{|}{C}-\underset{\|}{\underset{O}{C}}-\overset{|}{C}-$	ヒドロキシメチル（hydroxymethyl）	$-CH_2OH$

表 2.1 つづき

2) 環状型

名称（英名）	構　造	局方収載医薬品 名称（英名）	構　造	薬理作用
アンスリル (anthryl)	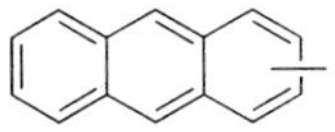			
トリル (tolyl)	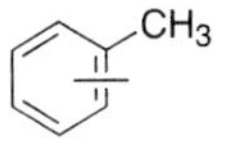	アフロクアロン 6-amino-2-fluoromethyl-3-(2-tolyl)-3H-quinazolin-4-one	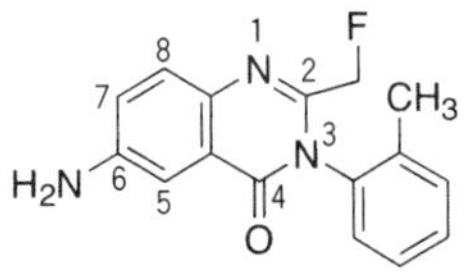	筋緊張性疾患治療薬
ナフチル (naphthyl) または ナフタレニル (naphthalenyl)	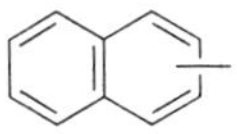	ナプロキセン (2S)-2-(6-methoxynaph-thalen-2-yl)propanoic acid	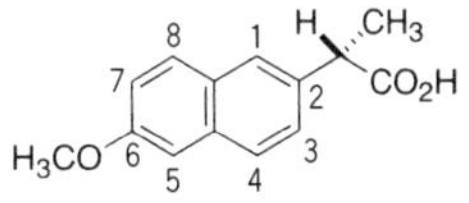	抗炎症薬
フェナシル (phenacyl)	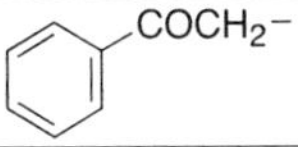			
フェニル (phenyl)	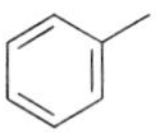	ニトラゼパム 1,3-dihydro-7-nitro-5-phenyl-2H-1,4-benzodiazepin-2-one	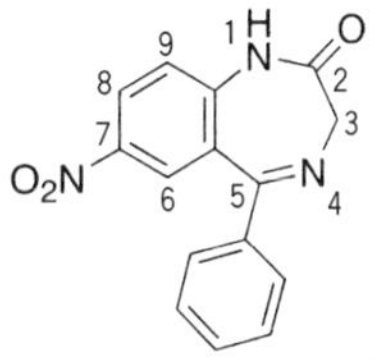	抗不安薬
フェニレン (phenylene)	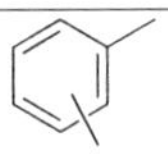			
フェノキシ (phenoxy)	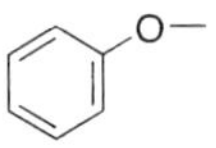	ブメタニド 3-butylamino-4-phenoxy-5-sulfamoylbenzoic acid	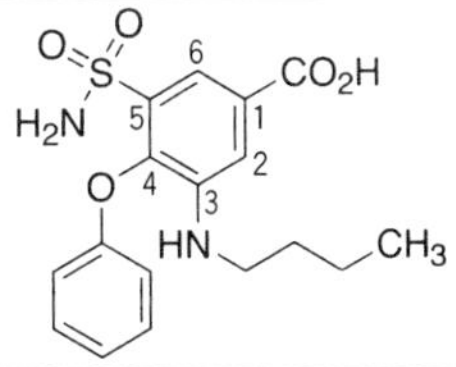	ループ利尿薬
ベンジル (benzyl)	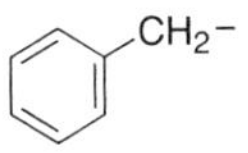	パパベリン塩酸塩 6,7-dimethoxy-1-(3,4-dimethoxybenzyl) isoquinoline mono hydrochloride	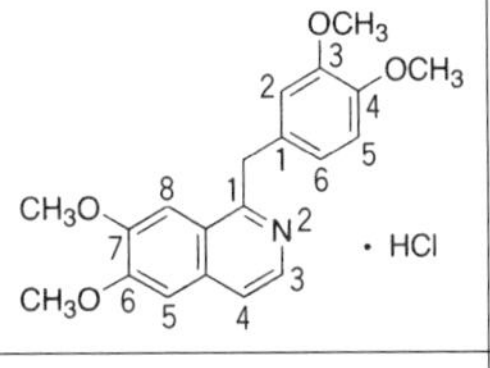	鎮けい薬
ベンゾイル (benzoyl)	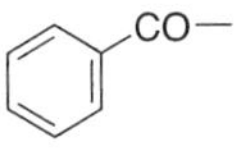	インドメタシン [1-(4-chlorobenzoyl)-5-methoxy-2-methyl-1H-indol-3-yl]acetic acid	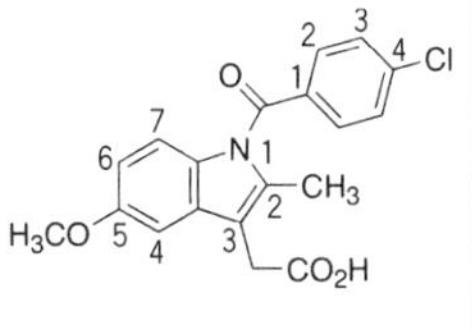	抗炎症薬
ビフェニリル (biphenylyl)	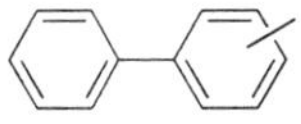	フェンブフェン 4-(biphenyl-4-yl)-4-oxobutanoic acid	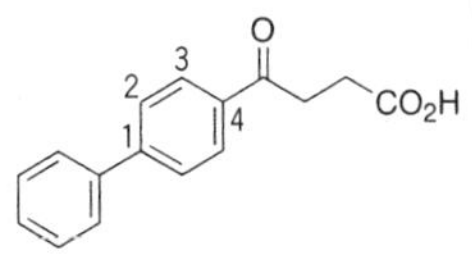	抗炎症薬, 解熱鎮痛薬

第 3 章　アルコールおよび関連化合物

表 2.1 つづき

3) 異項環型

名称（英名）	構造	局方収載医薬品 名称（英名）	構造	薬理作用
イミダゾリル (imidazolyl)	(imidazole structure)	ピロカルピン塩酸塩 (3S,4R)-3-ethyldihydro-4-(1-methyl-1H-imidazol-5-ylmethyl)furan-2(3H)-one monohydrochloride	(structure)	緑内障治療薬
インドリル (indolyl)	(indole structure)	ピンドロール (RS)-1-(1H-indol-4-yloxy)-3-isopropylaminopropan-2-ol	(structure)	抗不整脈薬, 狭心症治療薬
チオフェニル (thiophenyl) (チエニル thienyl ともいう)	(thiophene structure)	チカルシリンナトリウム disodium (2S,5R,6R)-6-(2-carboxylato-2-thiophen-3-ylacetylamino)-3,3-dimethyl-7-oxo-4-thia-1-azabicyclo[3.2.0]heptane-2-carboxylate	(structure)	抗生物質
ピリジニル (pyridinyl) (ピリジル pyridyl ともいう)	(pyridine structure)	メチラポン 2-methyl-1,2-di(pyridin-3-yl)propan-1-one	(structure)	機能検査薬 (ACTH)
フラニル (furanyl) (フリル furyl ともいう)	(furan structure)	フロセミド 4-chloro-2-[(furan-2-ylmethyl)amino]-5-sulfamoylbenzoic acid	(structure)	抗高血圧薬
ベンゾフラニル (benzofuranyl)	(benzofuran structure)	ベンズブロマロン 3,5-dibromo-4-hydroxyphenyl-2-ethylbenzofuran-3-yl ketone	(structure)	痛風治療薬

3.1 アルコール

3.1.1 アルコールの分類

1つの化合物内にある **OH 基の数**およびそれが結合している**炭素原子の種類**，すなわち**何級の炭素**であるかによって次のように整理することができます．

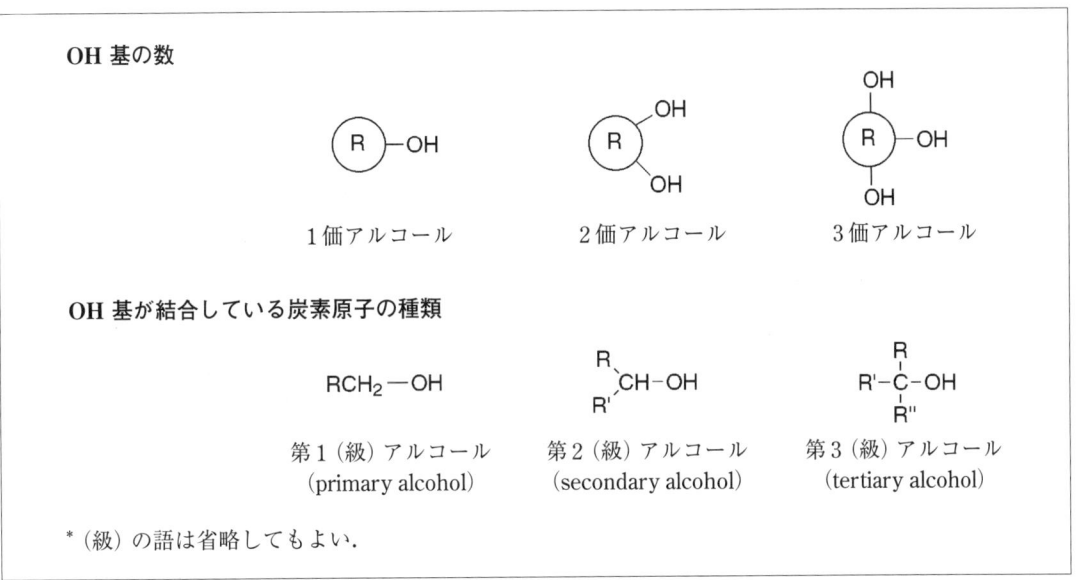

3.1.2 アルコールの命名法

アルコールの命名法には（1）**S 法**，（2）**R 法**，（3）**C 法**，（4）**慣用名**の4つがあります．

（1） S 法（Substitution nomenclature）＝ 置換命名法

1価のアルコールの場合，炭化水素母体名の語尾のeをとってOH基を表す –ol（－オール）をつけて命名します．2価および3価のアルコールの場合は，それぞれ –diol（ジオール）および –triol（トリオール）をつけて命名します．

例)　CH₃OH　　　　　　　　methan**ol**　　　　　　メタノール
　　CH₃CH₂OH　　　　　　 ethan**ol**　　　　　　　エタノール
　　CH₃CH₂CH₂OH　　　　 propan-1-**ol**　　　　　 プロパン-1-オール
　　　3　2　1

　　CH₃CH(OH)CH₃　　　　propan-2-**ol**　　　　　 プロパン-2-オール
　　　　　2　　1

第3章　アルコールおよび関連化合物　　19

HOCH₂CH₂CH₂CH₂OH   butane-1,4-**diol**   ブタン-1,4-ジオール
    4   3   2   1

ルール

1) OH 基を含む最も長い炭素鎖を主鎖とする（例1および2）．
2) OH 基が付いている炭素原子の番号が最も小さい位置を選び，表示する基（例1：ヘキサノール；例2：オクタノール）の直前に置く（例1の3位，例2の2位）．

2,2-dimethyl-3-hexanol　　　　4-methyl-3-propyl-2-octanol
（2,2-ジメチル-3-　　　　　　（4-メチル-3-プロピル
ヘキサノール）　　　　　　　　-2-オクタノール）

（2） R 法（**Radicofunctional nomenclature**）＝ 基官能命名法

炭化水素基名の後ろに alcohol を置いて命名します．したがって本法による総称名は alkyl alcohol （アルキルアルコール）となります．なお，本法は下の例からわかるように，比較的簡単なアルコール類の命名に用いられます．

例　CH₃OH　　　　　　　　methyl alcohol　　　　　メチルアルコール
　　CH₃CH₂OH　　　　　　 ethyl alcohol　　　　　　エチルアルコール
　　CH₃CH₂CH₂OH　　　　 propyl alcohol　　　　　プロピルアルコール
　　CH₃CH(OH)CH₃　　　　isopropyl alcohol　　　イソ*プロピルアルコール

＊iso（イソ）は枝分かれを意味する．

S 法と R 法の使われ方について

はじめて出てきました S 法，R 法について，C₄H₉OH のアルコールを例にとり，その違いを今一度みてみましょう．

化学式	S 法	R 法
n-C₄H₉OH	butan-1-ol	butyl alcohol
i-C₄H₉OH	2-methylpropan-1-ol	isobutyl alcohol
s-C₄H₉OH	butan-2-ol	s-butyl alcohol
t-C₄H₉OH	2-methylpropan-2-ol	t-butyl alcohol

＊ i- は *iso*-，s- は *sec* (secondary)-，t- は *tert* (tertiary)- の略

最近，できるだけ短い名称を使う傾向にありますが，i-C₄H₉OH や t-C₄H₉OH の場合，C₄- アルコールであることが一見してわかる **R** 法が使われることが多いようです．

次に，炭素数 5 個のアルコール C₅H₁₁OH には 8 つの異性体がありますが，それらの正しい名称，誤った名称（最近は使用してはならない）を以下に示します．

構造式	正	誤
CH₃CH₂CH₂CH₂CH₂OH	pentan–1–ol または pentyl alcohol	*n*–amyl alcohol
CH₃CHCH₂CH₂OH 　｜ 　CH₃	3–methylbutan–1–ol または isopentyl alcohol	isoamyl alcohol
CH₃CH₂CHCH₂OH 　　　｜ 　　　CH₃	2–methylbutan–1–ol	*active*–amyl alcohol
CH₃CH₂CHCH₂CH₃ 　　　｜ 　　　OH	pentan–3–ol	*s*–amyl alcohol
CH₃CH₂CH₂CHOH 　　　　　｜ 　　　　　CH₃	pentan–2–ol	*s–n*–amyl alcohol
⁴　³　¹CH₃ CH₃CHCHOH 　　｜ 　　CH₃²	3–methylbutan–2–ol	*s*–isoamyl alcohol
¹CH₃ 　　　²｜ CH₃CH₂COH ⁴　³　｜ 　　　CH₃	2–methylbutan–2–ol または *t*–pentyl alcohol	*t*–amyl alcohol
³　²CH₃ CH₃CCH₂OH 　｜ 　CH₃¹	neopentyl alcohol または 2,2–dimethylpropan–1–ol	———

ここでいう amyl alcohol（C₅）は IUPAC 名ではなく，"amyl" はデンプンに由来し，アルコール発酵の副産物 C₅H₁₁OH の混合物を amyl alcohol ということに起因しています．しかし現在では使用されなくなっています．

（3）C 法（Conjunctive nomenclature）= 接合命名法

本法が適用されるのは，構造中に環および鎖状部分を併せもつ化合物です．命名の仕方は，環部分の S 名と鎖状部分の S 名の両者をそのまま並べて 1 語にすればよいだけです．

例

naphthalene–2–propanol
（ナフタレン–2–プロパノール）
S 名：3–(2–naphthyl)propan–1–ol

α, β–dimethylnaphthalene–2–ethanol
（α, β–ジメチルナフタレン–2–エタノール）
S 名：3–(2–naphthyl)butan–2–ol

（4）慣用名

低級 1 価アルコールには俗称や通称名が多い．例えば，メタノールは木精（wood spirit），エタノールは酒精（spirit）と呼ばれています．また，2 価のアルコールとして HOCH₂CH₂OH ethylene glycol（エチレングリコール），3 価のアルコールとして HOCH₂CH(OH)CH₂OH glycerol（グリセリン）な

どがあります．このグリセリンはグルコースの分解あるいは脂肪（中性脂肪，トリグリセライド）の分解後に生成する重要物質です．また，カイコガの性フェロモンであるボンビコール（bombykol）なども一種のアルコールです．もしこれを IUPAC 名で呼ぶと（10*E*,12*Z*）-hexadecadien-1-ol となります．

ボンビコール
(bombykol)

さらに，生体内で情報伝達物質として機能しているプロスタグランジン E₁（PGE₁ と略します）などがあります．これは日本薬局方では α-シクロデキストリン包接化合物として，アルプロスタジルアルファデクスという医薬品名で使われています．ちなみに，PGE₁ を IUPAC 名で呼ぶと 7-{(1*R*,2*R*,3*R*)-3-hydroxy-2-[(1*E*,3*S*)-3-hydroxyoct-1-en-1-yl]-5-oxocyclopentyl} heptanoic acid となります．下に，プロスタグランジン類の一般的なナンバリングを示します．

プロスタグランジン E₁
(prostagrandin E₁)

コラム 5　薬学領域で一番複雑な構造をもつ医薬品

　これから学ぶ薬学の世界で一番複雑な化合物はビタミン，抗生物質，植物成分（アルカロイドや配糖体），もちろんタンパク質，多糖類などと複雑なものはたくさんありますが，最も馴染みのあるもの，それは**ビタミン B₁₂** です．その構造は下の通りで，この通称名はビタミン B₁₂ ですが，化学名は**シアノコバラミン**（$C_{63}H_{88}CoN_{14}O_{14}P$；分子量：1355）で，4 個のピロール骨格，3 個の炭素原子橋と 6 個の共役二重結合をもつ環状構造をもち，その中心に金属コバルトが配位しています．ついでながら**コバルトイオン**の影響で暗赤色の結晶をしています．**赤いビタミン**というのは水溶液が赤いからです．酸性側では比較的安定ですが，アルカリ性では不安定です．しかし，正式な名称は IUPAC 名でいうと『Coα-[α-(5,6-Dimethylbenz-1*H*-imidazol-1-yl)]-Coβ-cyanocobamide』となります．この IUPAC 名は長いので，通常「**シアノコバラミン**」と呼んでいます．ビタミン B₁₂ は単なる記号のようなものですから，これだけ憶えておくのは危険です．やはりシアノコバラミン，そしてこれは B₁₂ で，その構造に金属の **Co**（コバルト）をもっている，そして最終的には IUPAC の名称を記憶すべきです．

　このように，これから薬学を学ぶ上において，いろんな名称を憶えなくてはなりません．しかし，これにもある程度，法則や決まりがあったり，基本原理（例えば，ビタミン B₁₂ においては，シアノ＝CN（シアン），コバラ（コバルトイオンを含む），ミン（アミノ化合物））を知っておけば記憶の助けになります．

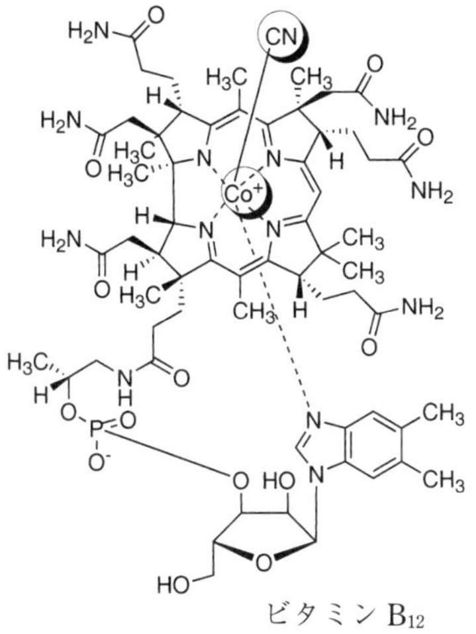

ビタミン B₁₂

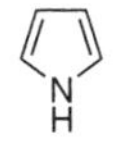

ピロール

3.2 フェノールの命名法

フェノール類は **S 法**を用いて命名します．すなわち，芳香族炭化水素名に，「-ol」，「-diol」，「-triol」などを付けて命名します．ただし，「-ol」を付けるとき母体名の末尾に e があれば除きます．最も簡単なものはベンゼン核に 1 個の −OH 基がついた石炭の乾留物質であるフェノール，または**石炭酸**ともいいます．これに −OH 基を 1 個ずつ増やしていくと，下図に示すように**異性体**が生成しま

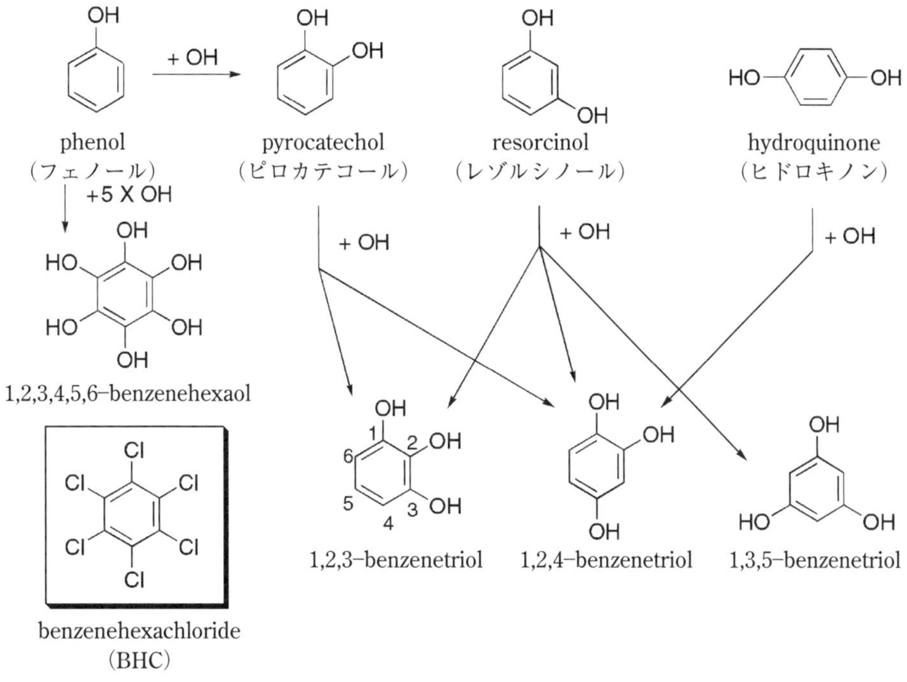

phenol
（フェノール）

pyrocatechol
（ピロカテコール）

resorcinol
（レゾルシノール）

hydroquinone
（ヒドロキノン）

1,2,3,4,5,6–benzenehexaol

benzenehexachloride
（BHC）

1,2,3-benzenetriol

1,2,4-benzenetriol

1,3,5-benzenetriol

図 3.1 フェノールとその仲間

第 3 章 アルコールおよび関連化合物

す．フェノールにさらに –OH 基を 1 個つけるとピロカテコール，レゾルシノールおよびヒドロキノンの 3 つの異性体が生成します．それらにさらに –OH 基を 1 個つけると，それぞれから 2 個，3 個，1 個の異性体ができてきます．フェノールのベンゼン環上の水素原子をすべて –OH 基に置き換えると 1,2,3,4,5,6-benzenehexaol となります．ついでながら，これに似た化合物に殺虫剤として使われているベンゼンヘキサクロリド（BHC）があります．これらを図 3.1 に示しました．

表 3.1 に，第 15 改正日本薬局方収載あるいは生薬成分である重要なフェノール性化合物の構造，名称，用途などを並べておきます．

表 3.1

構造式	名　称	基原，薬効など
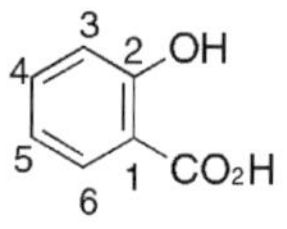	サリチル酸（salicylic acid） 2-hydroxybenzoic acid	（局）角化性皮膚疾患治療薬
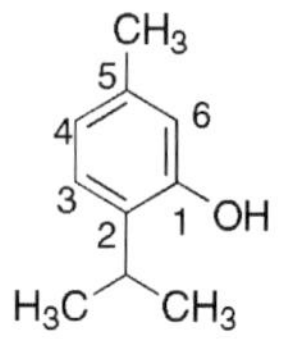	チモール（thymol） 5-methyl-2-(1-methylethyl)phenol	（局）製剤原料，歯科用薬 タチジャコウソウ（シソ科）の精油の主成分
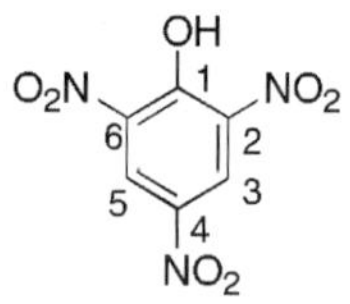	ピクリン酸（picric acid） 2,4,6-trinitrophenol	爆薬，マッチなどに用いられる．劇物
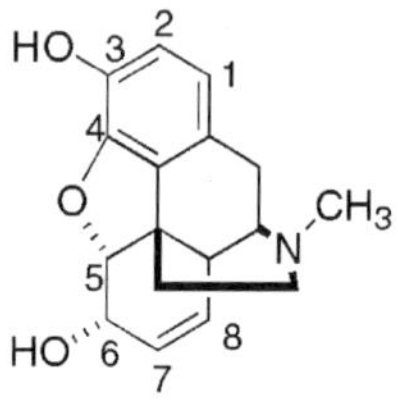	モルヒネ（morphine） (5α,6α)-7,8-didehydro-4,5-epoxy-17-methylmorphinan-3,6-diol	ケシ（ケシ科）の未熟果実に含まれる．（局）鎮痛薬（麻薬）
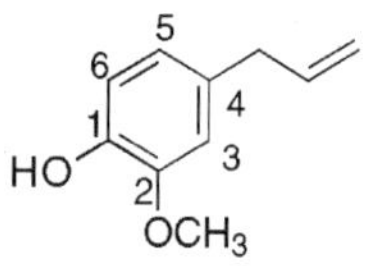	オイゲノール（eugenol） 2-methoxy-4-(2-propenyl)phenol	チョウジ（局）の精油の主成分．健胃薬，香料，殺菌防腐薬
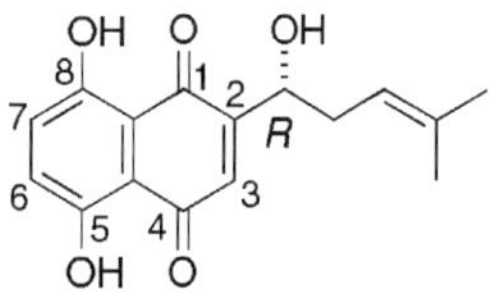	シコニン（shikonin） 5,8-dihydroxy-2-[(1R)-1-hydroxy-4-methyl-3-pentenyl]-1,4-naphthalenedione	シコン（局）の主成分．抗炎症，殺菌，抗腫瘍性

表 3.1 つづき

構造式	名　称	基原，薬効など
	バイカレイン（baicalein） 5,6,7-trihydroxy-2-phenyl-4H-1-benzopyran-4-one	オウゴン（局）の主成分．抗アレルギー作用
	Δ^9-テトラヒドロカンナビノール（Δ^9-tetrahydrocannabinol） (6aR,10aR) 6a,7,8,10a-tetrahydro-6,6,9-trimethyl-3-pentyl-6H-dibenzo[b,d]pyran-1-ol	大麻に含まれる．幻覚作用物質
	レボドパ（L-DOPA） (2S)-2-amino-3-(3,4-dihydroxyphenyl)propanoic acid	（局）パーキンソン症候群の治療薬
	エモジン（emodin） 1,3,8-trihydroxy-6-methyl-9,10-anthracenedione	ダイオウ（局）などに含まれる．配糖体としても存在する．
	エストロン（estrone） 3-hydroxyestra-1,3,5(10)-trien-17-one	卵胞ホルモン
	セロトニン（serotonin） (5-hydroxytryptamine) 3-(2-aminoethyl)-1H-indol-5-ol	神経伝達物質の1つ

（局）：第15改正日本薬局方収載

コラム 6　ギリシャ数詞を憶えよう

1/2（ヘミ hemi），　1（モノ mono），　2（ジ di），　3（トリ tri），　4（テトラ tetra），
5（ペンタ penta），　6（ヘキサ hexa），　7（ヘプタ hepta），　8（オクタ octa），
9（ノナ nona または エネア ennea）*，　10（デカ deca），
11（ヘンデカ hendeca または ウンデカ undeca）*，　12（ドデカ dodeca）

* 9を表すノナはギリシャ語由来，エネアはラテン語由来．11を表すウンデカはギリシャ語由来，ヘンデカはラテン語由来．

3.3 エーテルの命名法

3.3.1 鎖状エーテル

アルコキシ基をもつアルカン，すなわちアルコキシアルカンとして取り扱います．この場合，小さいほうの置換基をアルコキシと考え，大きいほうが主鎖となります．

例

CH$_3$OCH$_3$	メトキシメタン（methoxymethane）
CH$_3$OCH$_2$CH$_2$OCH$_3$	1,2-ジメトキシエタン（1,2-dimethoxyethane）
CH$_3$OCH$_2$CH$_2$CH$_2$CH$_3$	1-メトキシブタン（1-methoxybutane）
CH$_3$O–〈cyclohexane〉	メトキシシクロヘキサン（methoxycyclohexane）
CH$_3$CH$_2$O–〈phenyl〉	エトキシベンゼン（ethoxybenzene）
〈phenyl〉–CH(CH$_3$)$_2$	イソプロポキシベンゼン（isopropoxybenzene）
CH$_3$CH$_2$CH$_2$CH$_2$CH(OCH$_3$)CH$_3$	2-メトキシヘキサン（2-methoxyhexane）

また，アルコキシアルカンは，アルコールのヒドロキシ基の水素をアルキル基で置換した誘導体とも考えることができます．すなわち，2つのアルキル基の名称の後ろに，エーテルを付けて呼びます．これは慣用名です．

例

CH$_3$OCH$_3$	ジメチルエーテル（dimethyl ether）
CH$_3$OCH$_2$CH$_3$	エチルメチルエーテル（ethylmethyl ether）
CH$_3$CH$_2$OCH$_2$CH$_3$	ジエチルエーテル（diethyl ether）
CH$_3$CH(CH$_3$)OCH$_2$CH$_3$	エチルイソプロピルエーテル（ethylisopropyl ether）
〈phenyl〉–OCH$_3$	メチルフェニルエーテル（methylphenyl ether） （アニソール anisole ともいいます）
〈phenyl〉–O–〈phenyl〉	ジフェニルエーテル（diphenyl ether）

ジエチルエーテルの"ジエチル"を省き，単に**エーテル**といいます．これはエチルアルコールを単にアルコールというのと同じです．

26　　第3章　アルコールおよび関連化合物

3.3.2 環状エーテル

最も簡単な命名の仕方は，オキサシクロアルカン（oxacycloalkane）が主幹となるもので，**オキサ**（oxa）は環内の炭素を酸素で置き換えたことを意味しています．

酸素原子を1個または2個もつ環状エーテルの環の大きさとその呼び方をまとめてみましょう．いろいろな呼び方があることを憶えて下さい．

構造式	名　称
△O	オキサシクロプロパン，オキシラン，エポキシド，エチレンオキシド このエポキシドは次の3.4節で述べます．
□O	オキサシクロブタン
⬠O	オキサシクロペンタン，テトラヒドロフラン
⬡O	オキサシクロヘキサン，テトラヒドロピラン
⬡O,O	1,4-ジオキサシクロヘキサン，1,4-ジオキサン

ほかに，この種の化合物として是非知っておいてほしいものに，ちょっと難しいですが**クラウンエーテル**があります．

クラウンエーテルとは，電子供与性（ドナー）原子として**酸素，窒素，硫黄**などの**ヘテロ原子**をもつ**大環状化合物**のことをいいます．アニオンの活性化剤や相間移動触媒として有機合成反応に用いられているほか，イオン分離や能動輸送に利用されています．名前の付け方は 1) ポリエーテル環についた置換基の種類と数，2) 環の員数，3) "クラウン"，4) 環の中に存在するドナー原子の数，を順にハイフンで結んで示します．

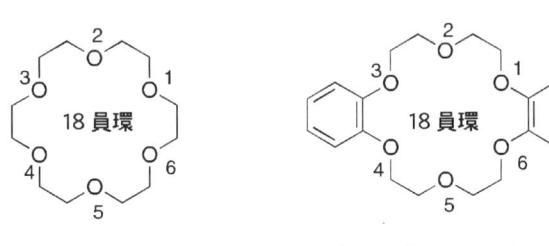

18-クラウン-6　　　　ジベンゾ-18-クラウン-6

コラム 7　医薬品に含まれる基本骨格の名称と番号（ナンバリングという）の付け方

基本骨格名の下のカッコ内には，その骨格を含む代表的な医薬品（第15改正日本薬局方名に従っています）をあげておきます．

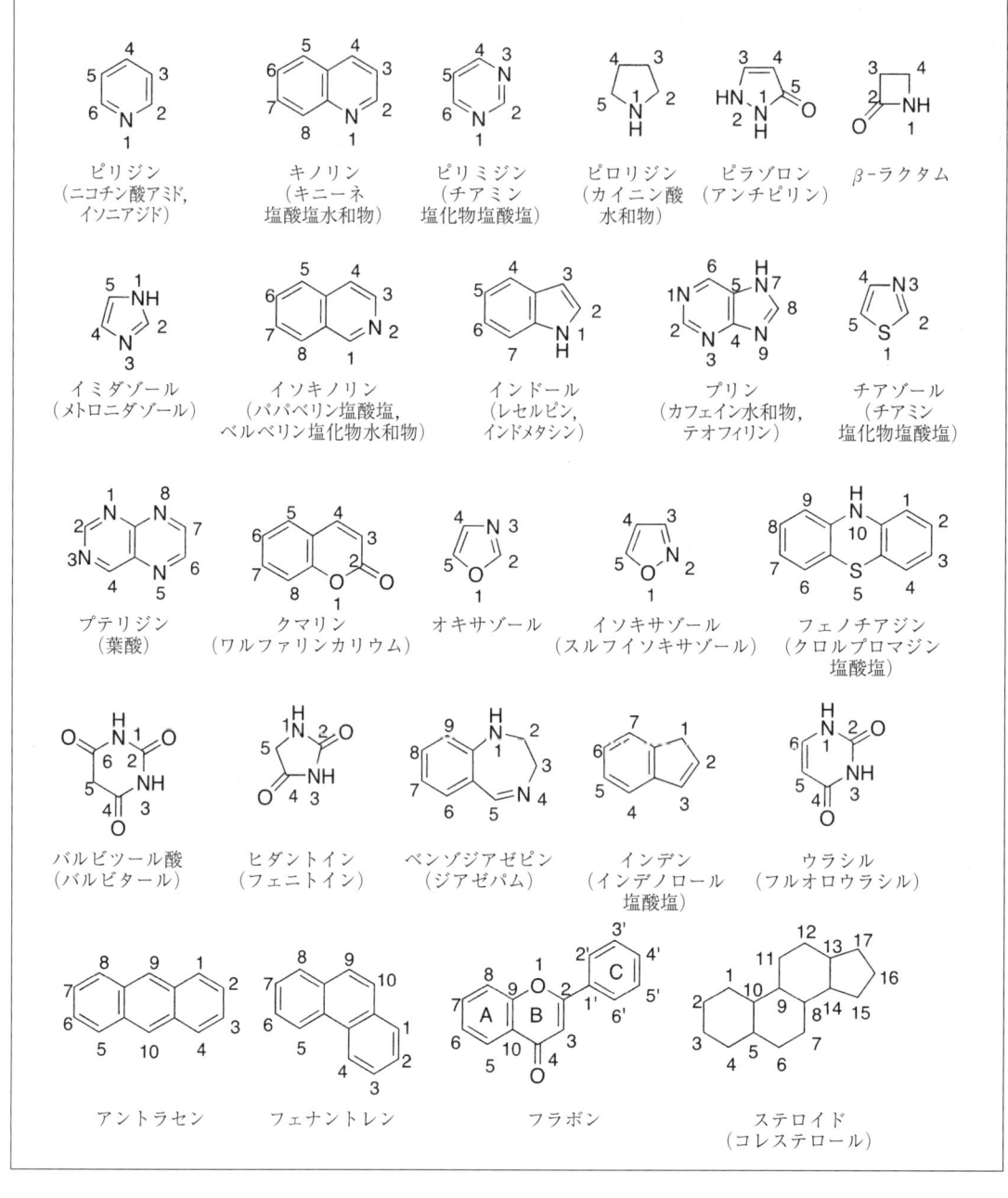

ピリジン
（ニコチン酸アミド，イソニアジド）

キノリン
（キニーネ塩酸塩水和物）

ピリミジン
（チアミン塩化物塩酸塩）

ピロリジン
（カイニン酸水和物）

ピラゾロン
（アンチピリン）

β-ラクタム

イミダゾール
（メトロニダゾール）

イソキノリン
（パパベリン塩酸塩，ベルベリン塩化物水和物）

インドール
（レセルピン，インドメタシン）

プリン
（カフェイン水和物，テオフィリン）

チアゾール
（チアミン塩化物塩酸塩）

プテリジン
（葉酸）

クマリン
（ワルファリンカリウム）

オキサゾール

イソキサゾール
（スルフイソキサゾール）

フェノチアジン
（クロルプロマジン塩酸塩）

バルビツール酸
（バルビタール）

ヒダントイン
（フェニトイン）

ベンゾジアゼピン
（ジアゼパム）

インデン
（インデノロール塩酸塩）

ウラシル
（フルオロウラシル）

アントラセン

フェナントレン

フラボン

ステロイド
（コレステロール）

3.4 エポキシド

鎖状または環状の中にある2つの炭素原子に，酸素原子が直接結合したエーテルを特に**エポキシド**と呼びます．

命名法：酸素原子を接頭語，**エポキシ**（epoxy-）でする場合と，酸素含有の複素環系と見なして命名する方法があります．

例

2,3-epoxypropane
（methyloxirane）

ベンツピレン-7,8-ジオール-
9,10-エポキシド
（究極発癌物質）

コラム 8　薬剤師国家試験に出題されたアルコールおよびフェノール類

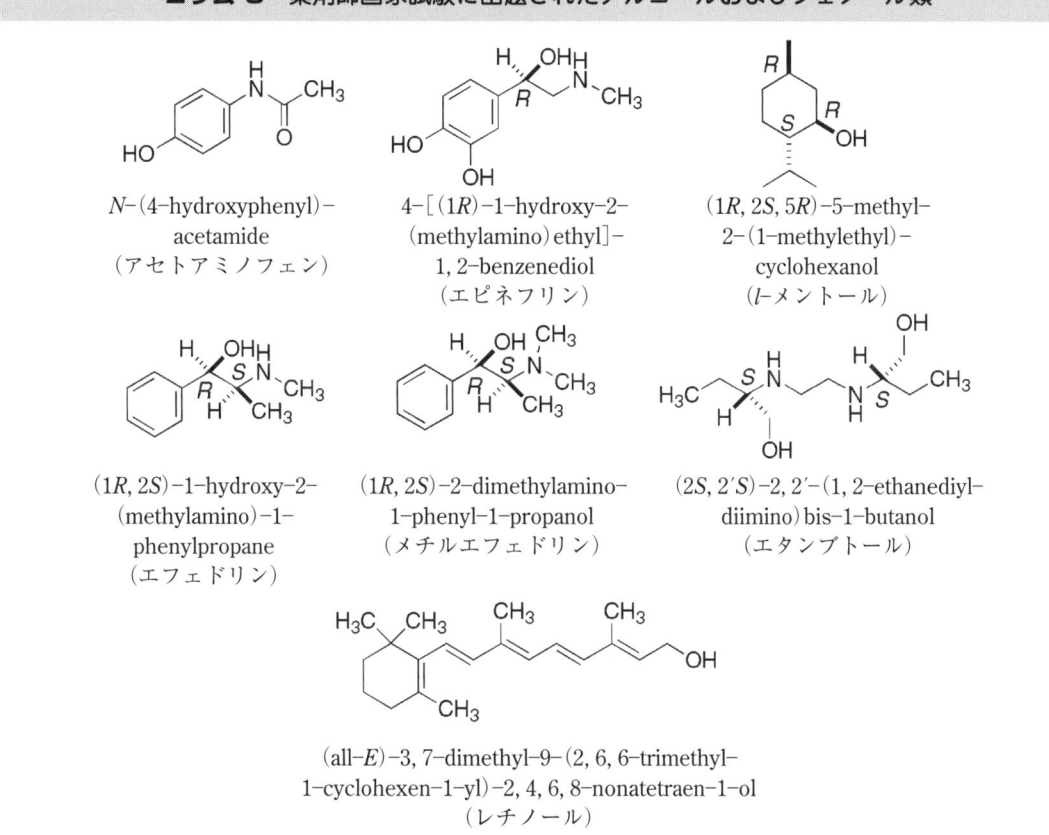

N-(4-hydroxyphenyl)-
acetamide
（アセトアミノフェン）

4-[(1R)-1-hydroxy-2-
(methylamino)ethyl]-
1,2-benzenediol
（エピネフリン）

(1R, 2S, 5R)-5-methyl-
2-(1-methylethyl)-
cyclohexanol
（l-メントール）

(1R, 2S)-1-hydroxy-2-
(methylamino)-1-
phenylpropane
（エフェドリン）

(1R, 2S)-2-dimethylamino-
1-phenyl-1-propanol
（メチルエフェドリン）

(2S, 2'S)-2, 2'-(1, 2-ethanediyl-
diimino)bis-1-butanol
（エタンブトール）

(all-E)-3, 7-dimethyl-9-(2, 6, 6-trimethyl-
1-cyclohexen-1-yl)-2, 4, 6, 8-nonatetraen-1-ol
（レチノール）

第3章　アルコールおよび関連化合物

第4章
アミンおよび関連化合物

　窒素原子は3つの結合手をもっています．そのうち少なくとも1つが炭素原子で置換された化合物を，ここでは窒素原子の結合様式に基づいて分類した名前の付け方を示します．なお，よく似た酸アミド類は，カルボン酸および関連化合物の項で扱うことにします．

4.1　窒素-炭素単結合（≡C−N＜）から成る化合物…アミン，アンモニウム塩

4.1.1　構造の特徴

　アンモニア NH_3 の水素原子がアルキル基で置換された化合物を**アミン**と総称します．アンモニアの水素原子がアルキル基1個，2個，3個で置換されたものをそれぞれ**第一級アミン**（primary amine），**第二級アミン**（secondary amine），**第三級アミン**（tertiary amine）と呼びます．第三級アミンに，さらにもう1つのアルキル基が導入され正の電荷をもつようになったものが**第四級アンモニウム塩**（quaternary ammonium salt）です．

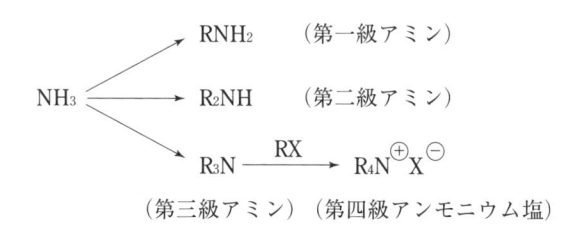

$$NH_3 \begin{cases} \rightarrow RNH_2 & \text{（第一級アミン）} \\ \rightarrow R_2NH & \text{（第二級アミン）} \\ \rightarrow R_3N \xrightarrow{RX} R_4N^{\oplus}X^{\ominus} \end{cases}$$

（第三級アミン）（第四級アンモニウム塩）

4.1.2　アミン，アンモニウム化合物の命名の仕方

（1）アミンの命名法

　IUPAC命名法には次の3つの方法がありますが，Chemical Abstracts ではもっぱらII法が使われています．

　I法：アルキル基名 R に接尾語「-amine」を付けて命名します．例えば，CH_3NH_2 はメチル基

(-CH₃) の名称「methyl」に「-amine」を付けて「methylamine」とします．これはS法（置換命名法）です．

Ⅱ法：母体炭化水素名RHに接尾語「-amine」を付けて命名します．例えば，CH₃CH₂NH₂は母体炭化水素名「ethane」の末尾「e」を取り，「-amine」を付けて「ethanamine」とします．これもS法です．なお，アミノ基 -NH₂ の位置番号は「-amine」の直前に付けます．

Ⅲ法：構造中に，アミノ基より官能基優先順位の高い官能基がある場合，「amino-」をその位置番号とともに付けて命名します．

実際の例をみながら付け方を憶えましょう．

例1
$$\text{CH}_3\text{CH}_2\text{CH}_2\overset{3}{\text{CH}}\overset{2}{\text{CH}_2}\overset{1}{\text{CH}_3}$$
$$\underset{\text{NH}_2}{|}$$

Ⅰ法：母体炭化水素基名は「hexanyl」となりますが，-NH₂ 基が3の位置の炭素原子に付いているので「hexan-3-ylamine」となります．

Ⅱ法：母体炭化水素名は「hexane」で，-NH₂ 基は3番目の位置に付いています．よって，末尾の「e」を取り「hexan-3-amine」と命名します．

例2 ナフタレンの2位にNH₂が付いた構造

Ⅰ法：母体炭化水素基名は「naphthyl」で，その2の位置にアミノ基 -NH₂ が付いているので「2-naphthylamine」となります．

Ⅱ法：母体炭化水素名は「naphthalene」で，アミノ基が2の位置に付いているので末尾の「e」を取って「naphthalen-2-amine」となります．

（2）アンモニウム化合物の命名の仕方

一般に，アンモニウム塩として命名します．
実際の例をみてみましょう．

例1 CH₃CH₂NH₂・HCl（[CH₃CH₂NH₃]⁺Cl⁻）

エチルアミン ethylamine の塩酸塩ですから，「-amine」を「ammonium」に換えて，対となっている陰イオン名を付けるだけでよいのです．つまり，「ethylammonium chloride」となります．

語尾が「-amine」で終わらない塩基からの第四級アンモニウム化合物の場合，その塩基の名称に「-ium」を付け（もし末尾に「e」があれば除く），必要に応じて「-ium」の直前に位置番号を付け，最後に陰イオン名を付けて命名します．例2を見てみましょう．

例2 [C₆H₅NH₃]⁺Cl⁻

アニリン aniline の塩酸塩です．語尾が「-amine」で終わらない塩基ですので，末尾の「e」を取って「ium」を付けて，最後に塩化物イオンを表す「chloride」を付ければよいのです．

よって「anilium chloride」となります．

4.2 窒素-炭素二重結合（＞C＝N－）から成る化合物…イミン

4.2.1 構造の特徴

アルデヒドやケトンなどのカルボニル化合物とアンモニアまたは第一級アミンとの脱水縮合により生成し，＞C＝NHまたは＞C＝NRを含む化合物を**イミン**（imine）と総称します．窒素原子上の水素原子が炭化水素基で置換されているとき，一般に**シッフ塩基**（Schiff's base）と呼ばれています．

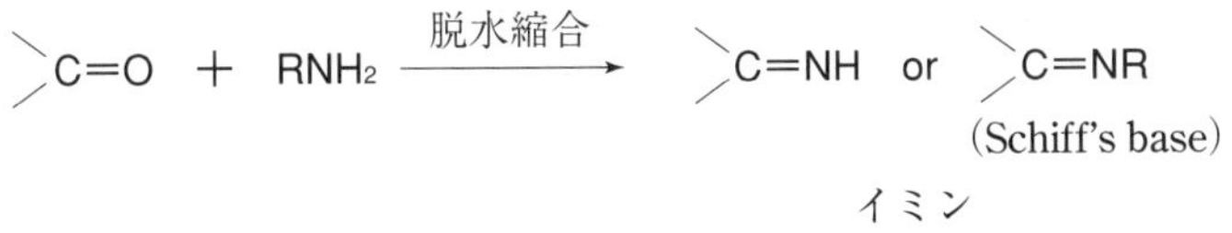

$$>C=O\ +\ RNH_2\ \xrightarrow{脱水縮合}\ >C=NH\ or\ >C=NR$$
（Schiff's base）
イミン

4.2.2 イミンの命名の仕方

アミンの命名の仕方と基本的には同じです．
Ⅰ法：二重結合基 R－C＝（このような官能基の語尾は「-ylidene」となります）に接尾語「-amine」を付けて命名します．これはS法です．
Ⅱ法：母体炭化水素 RH に接尾語「-imine」を付けて命名します．その際，母体炭化水素名の末尾の「e」を取るのを忘れないように！これもS法です．

例1 CH₃CH＝NH
Ⅰ法：二重結合基は「ethylidene」ですので，そのまま接尾語「-amine」を付けると「ethylideneamine」となります．
Ⅱ法：母体炭化水素名が「ethane」ですので，末尾の「e」を取って接尾語「-imine」を付けると「ethanimine」となります．

例2 CH₃CH₂CH＝N－CH₃
Ⅰ法：二重結合基は「propylidene」ですので，そのまま接尾語「-amine」を付ければよいのですが，N原子上にメチル基が1個ありますので「*N*-methylpropylideneamine」となります．
Ⅱ法：母体炭化水素が「propane」ですので，末尾の「e」を取って，接尾語「-imine」を付けると「propanimine」となります．Ⅰ法の場合と同様にN原子上にメチル基が1個ありますので，まとめると「*N*-methylpropanimine」となります．

4.3 窒素-炭素三重結合(−C≡N)から成る化合物…ニトリル(シアン化物)

4.3.1 構造の特徴

窒素-炭素三重結合（−C≡N）が炭化水素基と結合している化合物を**ニトリル**（nitrile）または**シアン化物**（cyanide）と総称し，一般式 R−C≡N（R＝alkyl 基）で表されます．ニトリルは加水分解によりカルボン酸に変換できることから，合成化学的にカルボン酸等価体とみなされます．

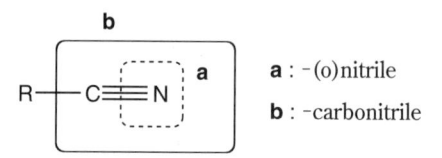

R−C≡N

a：-(o)nitrile
b：-carbonitrile

4.3.2 ニトリルの命名の仕方

方法 1（囲み方 a）：シアノ基 −CN の炭素原子を含む炭化水素名に接尾語「-nitrile」を付けて命名します．なお，位置番号は −CN 基の炭素原子から始まります．

例 CH₃CH₂CH₂CH₂CN
炭化水素名は「pentane」ですから，接尾語「-nitrile」を付けて「pentanenitrile」となります．

方法 2（囲み方 b）：接尾語が「-carboxylic acid」となっているカルボン酸 R−COOH から導かれる RCN は，この接尾語を「-carbonitrile」に換えて命名します．この場合，「-carbonitrile」は −CN 基を表しますので，位置番号に含めません．

例 C₆H₁₁−CN (cyclohexane−CN)

−CN 基以外の炭化水素部分は「cyclohexane」ですので，「cyclohexanecarbonitrile」となります．

方法 3（R 法）：R 基の名称の後に「cyanide」を置いて命名します．この方法は，比較的単純な化合物に適用されます．

例 CH₃CH₂CN
R 基は「ethyl 基」ですから後ろに「cyanide」を置いて「ethyl cyanide」となります．

方法 4（慣用名；囲み方 a）：慣用名をもつカルボン酸から導かれるニトリル RCN はカルボン酸の名称の語尾「-(o)ic acid」を「-(o)nitrile」に換えて命名します．

第 4 章　アミンおよび関連化合物

例   C₆H₅−CN

これは安息香酸 C₆H₅−COOH「benzoic acid」の語尾「ic acid」を取って,「-nitrile」を付けて「benzonitrile」となります.

その他,−CN 基より優先順位の高い官能基がある場合は,接頭語「-cyano」を使い命名します.

4.4 窒素-酸素単結合(>N−O−)から成る化合物…ヒドロキシルアミン,オキシム

4.4.1 構造の特徴

アンモニア NH₃ の水素原子 1 個を水酸基(−OH)で置換した化合物 H₂N−OH を**ヒドロキシルアミン**(hydroxylamine)と呼び,一般式 R₂N−OR(R＝H,alkyl 基)で表されます.これらのうち,R−CH＝N−OH または R₂C＝N−OH で表される化合物を**オキシム**(oxime)と総称します.本化合物は,アルデヒドまたはケトンなどのカルボニル化合物とヒドロキシルアミンとの脱水縮合により生成します.

4.4.2 ヒドロキシルアミンの命名の仕方

ヒドロキシルアミン H₂N−OH を母体化合物として命名すればよいのです.なお,N 原子および O 原子にアルキル基が結合している場合,それぞれ *N-*,*O-* で表します.

例1   CH₃NH−OH
窒素原子上にメチル基 −CH₃ が 1 個あるので「*N*-methylhydroxylamine」となります.

例2   CH₃CH₂NH−OCH₃
窒素原子上にはエチル基 -ethyl が,酸素原子上にはメチル基 -methyl がありますが,それらはアルファベット順に並べ,「*N*-ethyl-*O*-methylhydroxylamine」となります.

4.4.3 オキシムの命名の仕方

R−CH＝N−OH または R₂C＝N−OH は,それぞれ脱水縮合前のアルデヒド R−CHO またはケトン R₂CO の名称の後に「oxime」を置いて命名します.

例1   CH₃CH＝N−OH
これはアセトアルデヒド CH₃CHO から誘導されるので,「acetaldehyde oxime」と命名します.

例2   (CH₃)₂C＝N−OH
これはアセトン CH₃COCH₃ から誘導されるので,「acetone oxime」となります.

4.5 窒素-酸素二重結合（−N=O）から成る化合物…ニトロ化合物，ニトロソ化合物

4.5.1 構造の特徴

ニトロ基（nitro group）−NO₂ またはニトロソ基（nitroso group）−NO が炭化水素基に結合している化合物を，それぞれ**ニトロ化合物**，**ニトロソ化合物**と総称します．

4.5.2 ニトロ化合物およびニトロソ化合物の命名の仕方

接頭語「nitro-」または「nitroso-」を用いて命名すればよいのです．これは S 法です．

例1　CH₃CH₂−NO₂
母体炭化水素は「ethane」ですから，接頭語「nitro-」を付けて「nitroethane」となります．

例2　（ベンゼン環に−NOが結合した構造）

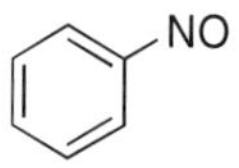

母体炭化水素は「benzene」ですから，接頭語「nitroso-」を付けて「nitrosobenzene」となります．

例3　（ベンゼン環にCH₃と−NO₂がオルト位に結合した構造）

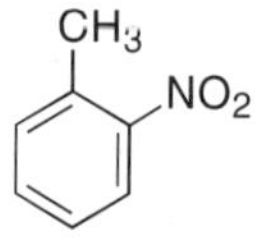

母体炭化水素は「toluene」で，オルト位にニトロ基−NO₂が付いているので，接頭語「nitro」を付けて「*o*-nitrotoluene」となります．

コラム 9　異性体

　本題に入る前にまず異性体とはどういうものかについて整理しておきましょう．読んで字のごとく性質を異にするものですが，異性体には**構造異性体**と**立体異性体**があります．構造異性体とは分子式が同じですが，原子のつながり方の順序ないし結合の種類が異なる化合物のことをいい，それはさらに**骨格異性体**，**位置異性体**そして**官能基異性体**に分けることができます．一方，立体異性体とは，構造が同一で，原子または原子団の空間的な相対配置だけが異なるものをいい，それは**光学異性体**と**幾何異性体**に分けられます．

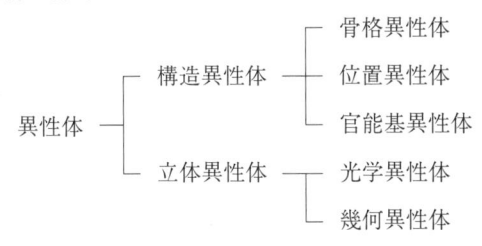

```
              ┌─ 構造異性体 ─┬─ 骨格異性体
              │              ├─ 位置異性体
異性体 ───────┤              └─ 官能基異性体
              │
              └─ 立体異性体 ─┬─ 光学異性体
                             └─ 幾何異性体
```

表 1

	異性体の種類	定　義	実　例
構造異性体	骨格異性体	炭素骨格が異なる異性体	$CH_3CH_2CH_2CH_2CH_3$　　$CH_3CHCH_2CH_3$ 　　　　　　　　　　　　　　　　　　CH_3 *n*-pentane　　　　　　　*iso*-butane 　　　　　　　　　　(2-methylbutane)
	位置異性体	母体化合物の骨格は同一で，置換基の位置が異なる異性体	$CH_3CH_2CH_2OH$　　CH_3CHCH_3 　　　　　　　　　　　　　　　OH 1-propanol　　　　2-propanol
	官能基異性体	官能基が異なる異性体	CH_3CH_2OH　　　CH_3OCH_3 ethanol　　　　　dimethyl ether
立体異性体	光学異性体（鏡像異性体）	2つの同一構造分子が互いに相手の鏡像に相当する分子形をもち，かつどのような配座をとらせても空間的に相手と重ね合わせることができないとき，それらを互いに光学異性体（鏡像異性体）という	(*S*)-(−)-phenyl-ethylamine　　(*R*)-(+)-phenyl-ethylamine
	幾何異性体	同一構造の分子で，分子内の参照平面*に関して，特定の1組の原子（または原子団）の相対位置が異なることによって生じる異性体	(*E*)-2-butene　　(*Z*)-2-butene

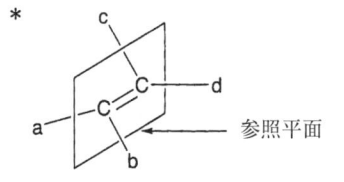

* 参照平面

順位則

まず，**順位則**（sequence rule）について説明しましょう．順位則とは不斉炭素原子に結合する置換基に順位をつけ，**キラリティー**（ある物体が鏡に映ったその像と合致しない性質のこと）をもつ化合物にも適用されるために定められた規則で，***R, S*** で表す**絶対配置の表示法**または ***E, Z*** で表す**幾何異性**に適用されます．またこれは R. S. Cahn, C. Ingold, V. Prelog の3人の化学者によって開発されたもので，その頭文字をとって **CIP 則** ともいいます．一般的な化合物の場合の順位決定法を次に示しましょう．これは規則なので，よく理解しながら記憶しておく必要があります．

〈規則1〉

<u>4個の結合をもつ不斉炭素原子に直接結合する相異なる原子について，原子番号の大きいものほど上位とします．</u>これらの原子に同じものがあれば，不斉中心から数えて2番目の原子について比べ，原子番号の大きいほうを上位とします．例えば $-CH_3$ と $-CH_2OH$ を比較すると，最初の原子はともに C であるから順位が決まりません．そこで2番目の原子（HHH）と（OHH）とを比較すると，O＞H なので $-CH_2OH$ は $-CH_3$ より上位となります．これでも順位が決められなければ，さらにその先の原子というふうに順位を決めていきます．

〈規則2〉

二重結合や三重結合は，次の例のように展開して単結合とし，展開した単結合に多重結合の相手方の原子をつけます．このような原子を**複製原子**と呼び，（ ）に入れて表します．

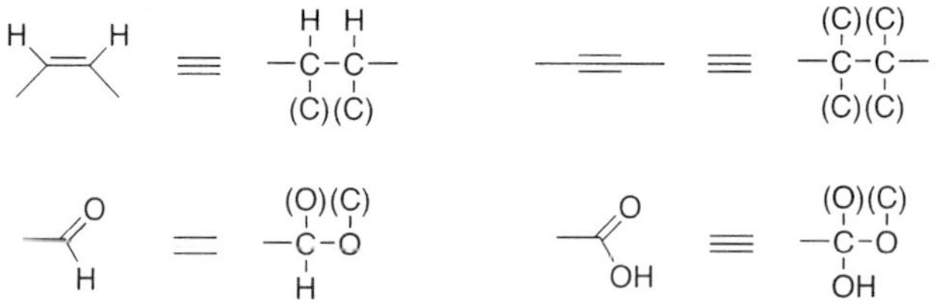

〈規則3〉

<u>同じ原子では，質量数の大きいものほど上位とします．</u>例えば ^2H は ^1H より上位となります．下記の化合物における優先順位は，図のようになります．

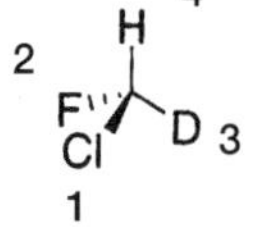

1）*R/S* 表示法（不斉炭素原子の絶対配置を表すときに用いる）

まず**光学異性体**について考えてみましょう．

今，自分の両手を眺めて下さい．右手と左手はどのような関係にありますか？　重ね合わすことができますか？　そうできませんよね．このように実像と鏡像の関係にあるものをお互いに光学異性体（鏡像異性体）と呼び，また**キラル**（chiral）であるともいいます．例えば，アミノ酸のアラニン（1, 2）は，お互いを重ね合わすことができません．このような特性を有する物質において，分子を構成している各原子（または原子団）が不斉炭素原子に対して空間内でどのような立体的な配置をとっているかを**絶対配置**（absolute configuration）といいます．

鏡

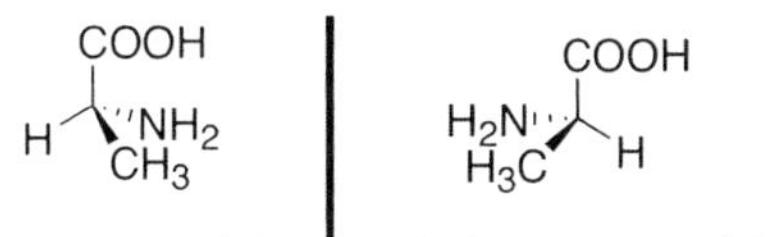

(＋)-アラニン (1)　｜　(－)-アラニン (2)

　これら両者を区別するのに **R/S 表示法**や D/L **表示法**を用いますが，まず R/S 表示法について説明しましょう．この表示法は絶対配置を表す一般的な方法ですので，ここでしっかり覚えて下さい．国家試験にもよく出ます．まず手順として，不斉炭素原子に結合している置換基（例えば a, b, c, d とします）すべてについて，先に説明しました順位則に従い優先順位を付けます．今，優先順位が a＞b＞c＞d であるとすると，最も順位の低い置換基（この場合 d）を自分からできるだけ遠くに置くとき，残りの 3 つの置換基の配列の仕方は 2 通りしかありません．すなわち，もし a→b→c の順が時計回りならばその絶対配置は **R**（rectus, ラテン語で「右」）となり，もし反時計回りならば **S**（sinister, ラテン語で「左」）と表記されます．

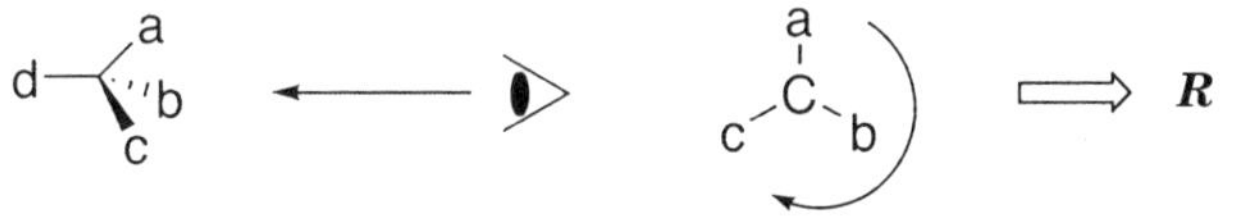

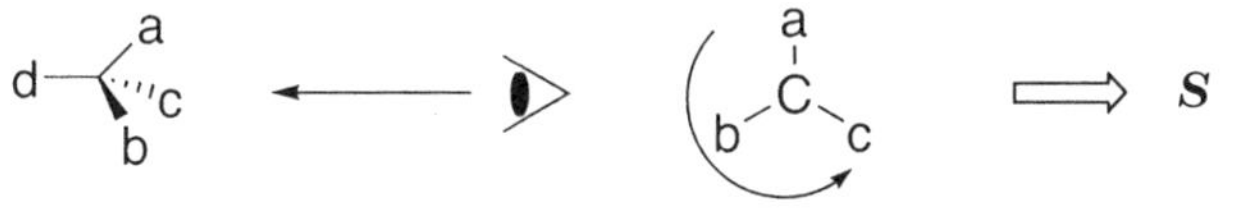

　中枢神経および末梢交感神経の神経伝達物質である（－）-noradrenaline を例に取り上げ，R, S の決め方を練習しましょう．

　規則 1 に従い不斉炭素原子（＊）に結合している 3 つの原子を比較しますと，優先順位の最も高い原子は酸素となります．残りの 2 つの原子は同じ炭素原子であるので，その次の原子を比較すると，優先順位は **N, H, H ＞ C, C, C** となります．すなわち，1 つでも優先順位の高い原子が結合していれば，そちらのほうが優先するのです．したがって，順位は図の番号のようになり，時計回りになるので R となります．

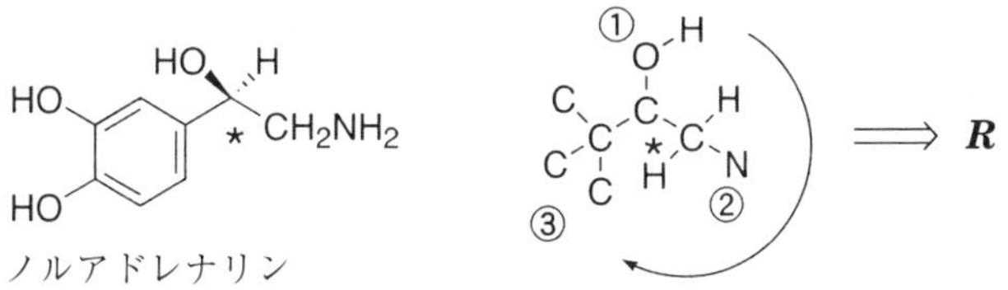

ノルアドレナリン
((－)-noradrenaline)

　ここで，光学異性体の重要性が認識された事件を紹介しましょう．最も強く印象に残っている薬害の 1 つにサリドマイド事件があげられます．当初，サリドマイドは催眠剤としてラセミ混合物（R 体と S 体の 1：1 の混ざり）の形で市販されました．これを妊婦が服用することにより前肢の短い新生児が生まれたのです．たとえ S 体または R 体を作り分けたとしても，両鏡像体とも生理的条件下で容易にラセミ化してしまうのです．このように薬物は時として毒にもなります．しかし，これだけの重篤な副作用があることがわかっていながら，このサリドマイドに有効な抗が

第 4 章　アミンおよび関連化合物

ん活性が認められていることから，最近多発性骨髄腫の治療薬として認可されました．これを皆さんはどのように考えますか？

サリドマイド (thalidomide)

2) D/L 表示法（特定の不斉炭素原子に着目して絶対配置を表すときに用いる）

ところで，皆さんが日頃よく飲んでいるスポーツ飲料やサプリメント類にアミノ酸や糖類が含まれていますね．容器のラベルをみますと，それらの名前の頭の部分に L- や D- が付いていることに気付くでしょう．それらアルファベットは何を意味しているのでしょうか？ そう，これが絶対配置を表すもう1つの方法で，D/L 表示法といいます．これらは偏光面の回転を意味する *d/l 表記*とは明確に区別して使用する必要があります．この方法は主に糖およびアミノ酸の領域でよく用いられます．糖およびアミノ酸の場合，D-(+)-グリセルアルデヒドと関連づけられる絶対配置をもつものを D 系列といい，D 系列に属する化合物の鏡像体は L 系列とします．これを Fischer 投影式*で表しますと，最も酸化段階が高いものを上方に，水酸基（またはアミノ基）および水素を左右に置くように書いたとき，水酸基（またはアミノ基）が右側にあるものを D 体，左側にあるものを L 体と呼びます．ついでながら，自然界では，アミノ酸では L 型，糖では D 型が圧倒的に多く存在します．

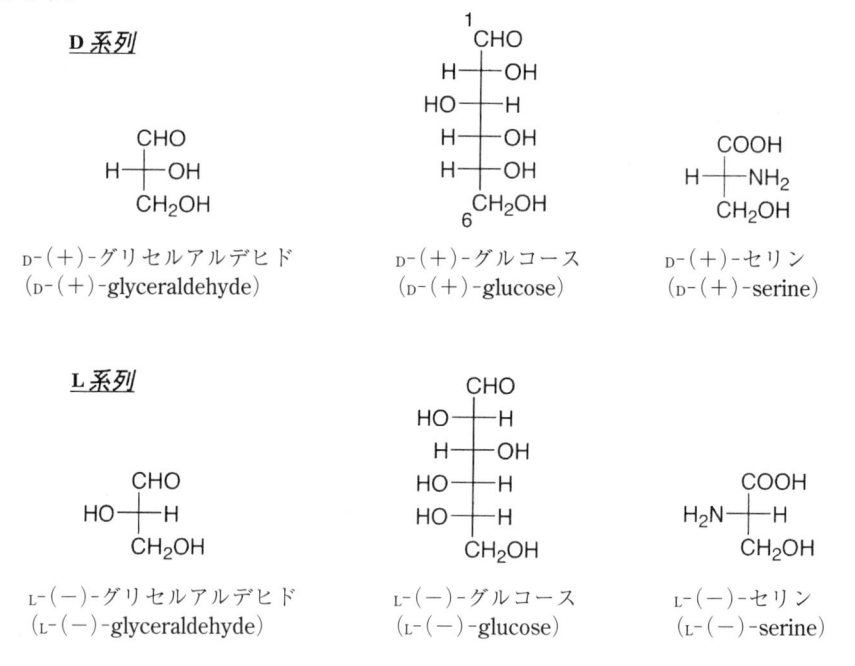

D 系列

D-(+)-グリセルアルデヒド
(D-(+)-glyceraldehyde)

D-(+)-グルコース
(D-(+)-glucose)

D-(+)-セリン
(D-(+)-serine)

L 系列

L-(−)-グリセルアルデヒド
(L-(−)-glyceraldehyde)

L-(−)-グルコース
(L-(−)-glucose)

L-(−)-セリン
(L-(−)-serine)

---

* **Fischer 投影式**（Fischer projection）は不斉炭素原子に結合している4つの置換基の空間的配置を二次元（平面的）に書き表す方法である．分子は中心となる炭素原子が交点に位置する十字形で表されます．この表記法では，**水平に伸びた線は紙面から手前に向いている結合**を，**垂直に出た線は紙面の奥に向かう結合**を表しています．この方法では，2つの置換基を入れ替えたり，また中心炭素のまわりに90°回転させると絶対配置が反転しますが，180°回転では絶対配置は元と同じ，つまり保持となります．確認してみてください．

Fischer 投影式　　破線-くさび形表記法

(+)-乳酸

(−)-乳酸

3) *E/Z* 表示法（二重結合に関しての**幾何異性体**のときに用いる）

同じ組成式をもつ**マレイン酸**（maleic acid (3)）と**フマル酸**（fumaric acid (4)）を比べてみて下さい．両者の違いは何でしょうか？　これらは互いに空間での原子配列だけが異なることがわかりますね．このように二重結合の周りの回転障害のため生じる異性体を**幾何異性体**（geometrical isomer）と呼びます．従来，幾何異性を表す方法として**シス-トランス命名法**が用いられてきました．すなわち同一置換基が同じ側にある化合物を**シス形**（*cis*-form），反対側にある化合物を**トランス形**（*trans*-form）と呼びます．しかしながら1,2-二置換アルケンでは問題はありませんが，三置換アルケンや四置換アルケンでは定義があいまいになります．つまりこの表記法では置換基が同じである場合にしか適用できないということになります．そこで，この問題を一挙に解決する方法として生まれたのが ***E/Z* 表示法**なのです．一般式Ⅰにおいて置換基a, b とc, d のそれぞれに**順位則**に従って優先順位をつけます．各炭素について順位の高いほうをa, d としたとき，a と d が同じ側にあるものを **Z 体**（ドイツ語 zusammen，共に），反対側にあるものを **E 体**（ドイツ語 entgegen，逆に）と表示します．マレイン酸とフマル酸において，順位則に従うと置換基の優先順位は COOH > H となりますので，よってそれぞれ Z 体，E 体となります．

a>b, d>c ⟹ E
a>b, c>d ⟹ Z

Ⅰ

マレイン酸 (3)
maleic acid
(*cis*, *Z*)

フマル酸 (4)
fumaric acid
(*trans*, *E*)

上で述べたように二重結合の幾何異性を表す場合，シス-トランス命名法には限界があることがわかりましたが，**実はこの命名法は環状化合物においては現在でも使用されています**．以下の例をみればわかるように，環を1つの平面と考えたとき，結合している2つの原子（または原子団）の関係を表すのに用いられます．つまり，環平面（シクロヘキサンのような場合，実際には平面ではありませんが，環を平面（準平面）とみなして考えます）に対して2つの置換基が同じ側にある場合は**シス**（*cis*），反対側にある場合は**トランス**（*trans*）と呼びます．

シス　　　　　トランス　　　　　シス　　　　　トランス

立体配座と立体配置

　同じ構造をもつ分子において，単結合のまわりの回転によって得られる様々な空間的な形を**立体配座**（conformation）と呼び，これらを除いた，様々な互いに異なる分子形を**立体配置**（configuration）といいます．これだけでは十分に理解できないかもしれませんので，実際例をあげて説明しましょう．

　メントール（menthol）はハッカ *Mentha arvensis* var. *piperascens* またはセイヨウハッカ *M. piperita* などの精油中に含まれており，弱い麻酔作用があり，鎮痛薬などとして用いられ，また香粧品の分野で利用されています．メントールはその構造中に3個の不斉炭素原子をもっているので2^3個，すなわち8個の立体異性体が考えられますね．つまりそれらは以下に示した4つの異性体とそれらの**鏡像体**（エナンチオマー enantiomer）です．今，1位の炭素に着目すると，*l*-メントールとイソメントールでは立体配置は同じ（β配置）ですが，ネオメントールでは異なります（α配置）（ステロイドなどの環式化合物の構造式を書くとき，環から紙面の裏側に向かう結合をα，環から紙面の手前に出ている結合をβと呼ぶことになっています）．また*l*-メントールはシクロヘキサン環をもっており，無数の立体配座をとることができますが，下図に示す**A**，**B**などを立体配座（いずれもいす形配座であるが，**A**のほうが**B**よりエネルギー的に安定）といいます．**立体配座**とはどちらかといえば「**動的**」なもので，**立体配置**とは「**静的**」なものとみることができます．

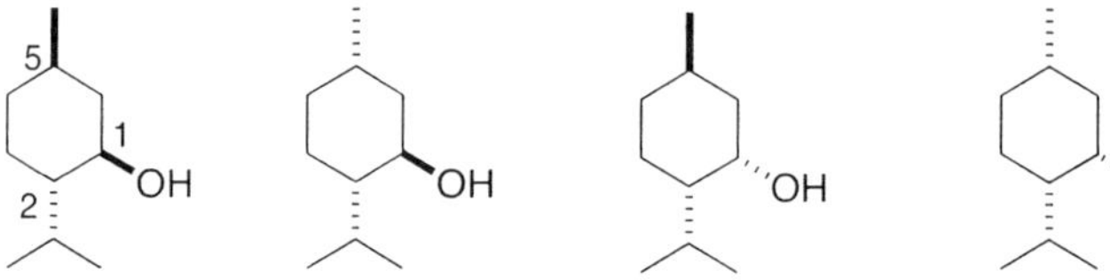

l-メントール　　イソメントール　　ネオメントール　　ネオイソメントール
（*l*-menthol）　（isomenthol）　　（neomenthol）　　（neoisomenthol）

A（安定）　⇌　**B**（不安定）
l-menthol の立体配座

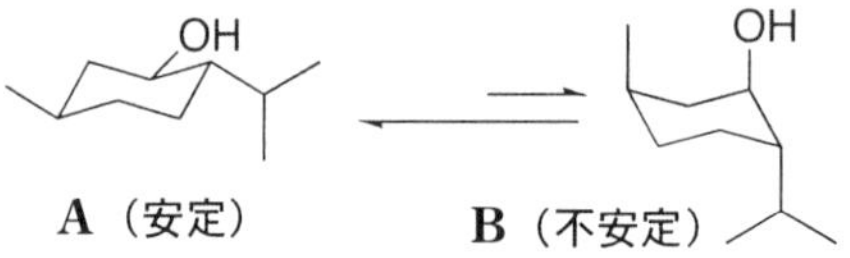

第5章
アルデヒド，ケトンおよび関連化合物

炭素−酸素二重結合を**カルボニル基**（>C=O）と呼び，この官能基を有する化合物を**カルボニル化合物**と総称します．この章では，カルボニル基を有する化合物のうち**アルデヒド**および**ケトン**を中心にまとめてみました．

アルデヒドやケトンは自然界の至るところに存在し，多くの食品の風味や香り付けに寄与したり，多くの酵素の生物学的な機能の手助けをしています．さらに産業界では化学合成用の試薬や溶剤（代表的なもの：アセトン）としても利用されています．代表的なアルデヒドとしてビタミンAの酸化体**レチナール**があります．これは視覚の化学において重要な化合物です．一方，ケトンの代表として糖尿病治療薬**アセトヘキサミド**があります．このようにアルデヒドやケトンは有機化学的にも生化学的にも医薬品としても重要な化合物が多いのです．

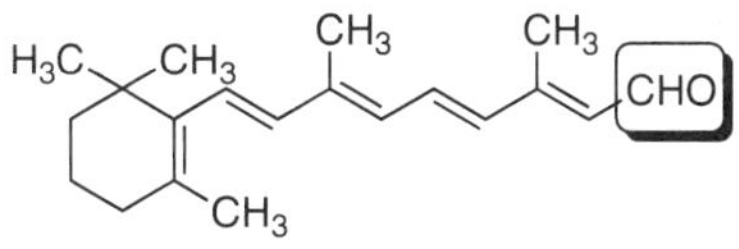

レチナール 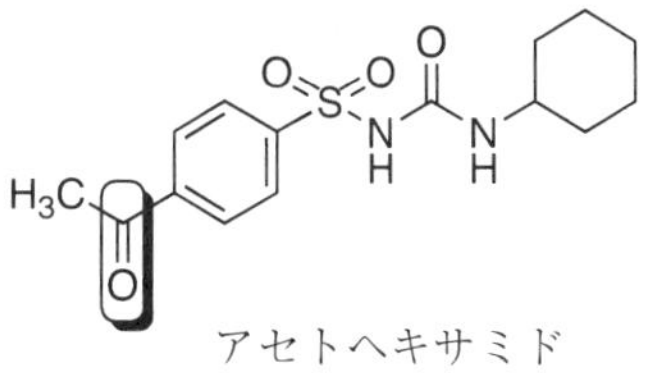　　　　　　　　　アセトヘキサミド

まず，アルデヒドおよびケトンの構造の特徴をみてみましょう．カルボニル基の炭素原子はその4つの結合手のうち2つは酸素原子との二重結合に使用されていますが，残りの2つが炭素原子と水素原子に結合したものを**アルデヒド**（aldehyde），2つとも炭素原子に結合したものを**ケトン**（ketone），また同じ炭素原子に結合しているものを**ケテン**（ketene）と呼びます．

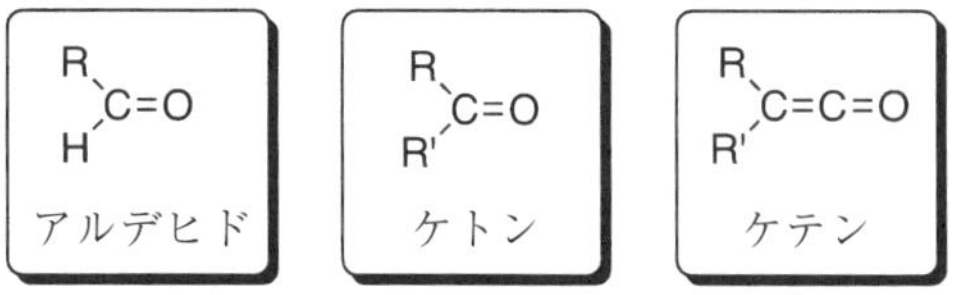

すなわち，**アルデヒド**とは**一般式 RCHO** で表され，**アルデヒド基 −CHO** をもつ化合物の総称であり，**ケトン**とは**一般式 RCOR′**（R, R′＝アルキルまたはアリール基），**ケテン**とは**一般式 RR′C=C=O**（R, R′＝Hまたはアルキル基）で表される化合物の総称です．ちなみに「aldehyde」の名称は，alcohol が dehydrogenate（脱水素）されたという意味からきています．

5.1 アルデヒド

5.1.1 アルデヒドの名前の付け方

aldehyde には次の 4 通りの名前の付け方があります．
① ～aldehyde，② ～carbaldehyde，③ ～al，の 3 種類の**接尾語**と，④ formyl～，の 1 種類の**接頭語**で表されます．それぞれどのような意味があるのかを整理してみましょう．

① **～aldehyde**（アルデヒド）：～aldehyde は慣用名をもつカルボン酸から脱酸素してできるアルデヒド化合物の慣用名の接尾語にのみ使われます．
　　例 プロピオンアルデヒド（CH₃−CH₂− CHO ）

② **～carbaldehyde**（カルバルデヒド）：−CHO 基そのものを表す接尾語．
　　例 ブタン-1,2,4-トリカルバルデヒド（OHC−CH₂−CH₂−CH−CH₂−CHO，CHO）

③ **～al**（アール）：−CHO の炭素原子を除いた部分を表した接尾語で，アルコールの場合の「～ol」に対応します．
　　例 ヘキサナール（CH₃−CH₂−CH₂−CH₂−CH₂− CHO ）

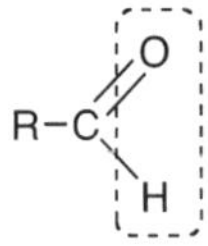

　　　R−C(=O)H　破線で囲った部分が「～al」

④ **formyl～**（ホルミル）：−CHO 基そのものを表す接頭語．
　　例 ホルミルキヌレイン

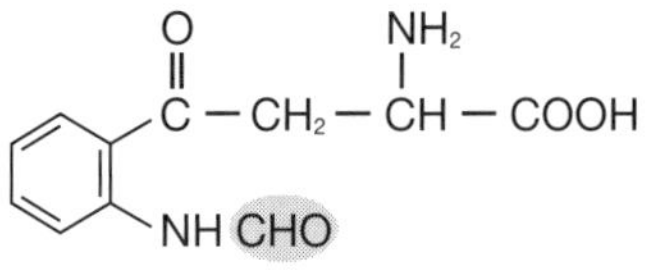

5.1.2 アルデヒドの IUPAC 命名法

アルデヒドの命名法には ① S 法，② C 法，③ 慣用名の 3 つがあります．

（1）S 法（Substitution nomenclature）＝置換命名法

（a）接尾語が ～al の場合
　−CHO 基を 1 個または 2 個もつ非環状アルデヒドに用いられます．−CHO 基の炭素原子の数を含む炭化水素母体名に，−CHO 1 個の場合には「**～al**」を，2 個の場合には「**～dial**」の接尾語を付けます．「～al」を付ける場合，母体名の末尾の「e」を除きます．

次の例をみてみましょう．

(例1)

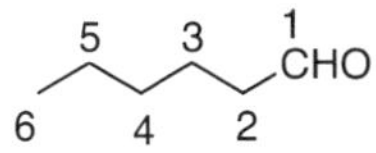

$$\underset{6}{}\underset{5}{}\underset{4}{}\underset{3}{}\underset{2}{}\underset{1}{CHO}$$

－CHO 基が1個なので語尾は「～al」となります．炭素数は6個あるので「hexane」となりますが「～al」を付ける場合，母体名（hexane）の末尾の「e」を除くので，ヘキサナール「hexanal」となります．

(例2)

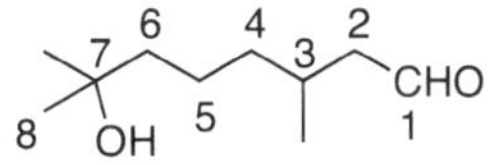

この化合物の場合，構造中に－CHO 基のほかに－OH 基が存在しています．したがって命名するにあたって**官能基の優先順位を考えなければなりません**．いま一度，官能基の優先順位を復習しておきましょう．

命名法における官能基の優先順位

—COOH ＞ —C(O)-O-C(O)— ＞ —COOR ＞ —CONH₂ ＞ **—CHO** ＞

—C(O)— ＞ **—OH** ＞ —SH ＞ —NH₂ ＞ R-O-R′ ＞ R-S-R′

－OH 基は－CHO 基より優先順位が低いので**接頭語置換基**（化合物の先頭にくる）となります．よって，「**7-hydroxy-3,7-dimethyloctanal**」となります．

(b) 接尾語が ～carbaldehyde の場合

この名前は非環系（特に－CHO 基を3個以上もつもの）および環系アルデヒドに用いられますが，ここではよくでてくる環系アルデヒドについてのみ書きましょう．

－CHO 基が環系の炭素原子に直結している化合物は，環系の名称のあとに，**接尾語「～carbaldehyde」**を付けて命名します．なお，位置番号は環系固有の位置番号に従います．

(例3)

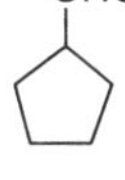

環の部分の名前は「cyclopentane」であるので，よって**シクロペンタンカルバルデヒド**「cyclopentanecarbaldehyde」と命名します．

(例4)

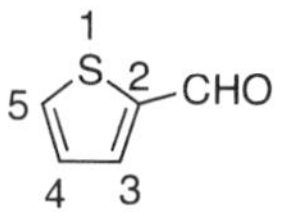

第5章 アルデヒド，ケトンおよび関連化合物

環の部分の名前は「thiophene」であるので，よって「thiophene-2-carbaldehyde」となります．

（2）C法（Conjunctive nomenclature）＝接合命名法

－CHO基が環系の側鎖上にある場合は，鎖状アルデヒドの誘導体（S法）として，あるいはC法で命名します．

例5

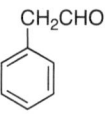

benzeneacetaldehyde（C法）
phenylacetaldehyde（S法）

（3）慣用名

アルデヒドは古くからカルボン酸を誘導してできた化合物と見なされてきたので，酸の慣用名の末尾の「～ic acid」または「～oic acid」を「～aldehyde」に換える慣用名は現在でも認められています．

例6

ホルムアルデヒド formaldehyde HCHO ………………ギ酸 formic acid（HCOOH）
アセトアルデヒド acetaldehyde CH_3CHO ………酢酸 acetic acid（CH_3COOH）
プロピオンアルデヒド propionaldehyde CH_3CH_2CHO ……プロピオン酸 propionic acid
　　　　　　　　　　　　　　　　　　　　　　　　　　　（CH_3CH_2COOH）
ブチルアルデヒド butyraldehyde $CH_3CH_2CH_2CHO$ ………酪酸 butyric acid（CH_3CH_2COOH）
ベンズアルデヒド benzaldehyde C_6H_5CHO ………………安息香酸 benzoic acid（C_6H_5COOH）

5.2　ケトン

5.2.1　ケトンの名前の付け方

アルデヒドの場合は，－CHO基が末端あるいは端にしか存在しないため，名前の付け方は比較的容易でした．しかし，ケトン基（>C=O）は構造のいろいろな場所に存在しうるため，化合物の種類に応じた命名法が用いられます．**ketone** には，①「**～one**」の接尾語と②「**oxo～**」，③「**～oxyl**」または「**～carbonyl**」の接頭語が主に使われます．他に④「**ketone**」も使われます．

①**～one**（オン）：>C=O基の炭素原子を除いた部分を表した接尾語．

　例　アセトン（acetone）

破線で囲った部分が「～one」や「oxo」を示す

②**oxo～**（オキソ）：ケトン化合物のカルボニル基の接頭語は，すべて「oxo」を使わなければなりません．

(例) 2-オキソグルタル酸（2-oxoglutaric acid）

③ 〜oxyl（オキシル）または〜carbonyl（カルボニル）：カルボン酸 RCOOH から OH 基を除いたアシル基 RCO－の接頭語．

(例) N-ペンタノイル-2-ベンジルトリプタミン（N-pentanoyl-2-benzyltryptamine）

$$\sim(\text{o})\text{ic acid} \rightarrow \sim\text{oyl}$$
$$\sim\text{carboxylic acid} \rightarrow \sim\text{carbonyl}$$

C1〜C5 のカルボン酸の慣用名の場合，「〜ic acid」を「〜yl」に換えてもよい．

(例) acetic acid → 〜acetyl

④ **ketone**：R 名に使われる場合の官能基名で＞C＝O 基を表しています．

(例) ジエチルケトン（$CH_3CH_2COCH_2CH_3$）

5.2.2 ケトンの IUPAC 命名法

ケトンを 1) 鎖状ケトン，2) 環にケトン基が直結していない鎖状ケトン，3) 環にケトン基が直結した鎖状ケトン，4) 炭素環系ケトンと複素環系ケトン，の 4 つに分類し，順を追って説明しましょう．

(1) 鎖状ケトン

鎖状ケトンの命名法には S 法と R 法があります．

(a) S 法

ある化合物の構造中に，ケトン基より官能基優先順位の高い基がない場合，＞C＝O を含む最も炭素鎖の長いものに対応する炭化水素母体名に「－one」，「－dione」，「－trione」などの接尾語を付けて命名します．ただし，「－one」の場合，母体名の末尾の「e」を除いて「－one」を付けます．位置番号は，構造中に含まれるすべての＞C＝O 基が最小の位置番号となるように，表示する基の直前に付けます．

(b) R 法（Radicofunctional nomenclature）＝基官能命名法

この名前の付け方は簡単です．化合物 R－CO－R′ に対し，R と R′ の名前のあとに「ketone」を付けて命名します．R と R′ のいずれが先にくるかについては，基の英名の頭文字を ABC 順に並べます．もし，R＝R′ ならば基名の前に「2」を表す「di」を付ければよいのです．実際に，鎖状ケトンの命名をしてみましょう．

(例)

$$\underset{7}{\text{C}}\underset{5}{\text{C}}\underset{6}{\text{C}}\underset{4}{\text{C}}\underset{3}{\underset{\|}{\underset{\text{O}}{\text{C}}}}\underset{2}{\text{C}}\underset{1}{\text{C}}$$

S 法で命名すると，ケトン基の位置番号が最も小さくなるように付けると 3 番目の位置となります．ケトン基を含む最長炭素鎖は「heptane」ですから，末尾の「e」を除き「heptan-3-one」となります．

次に，R 法で命名してみましょう．R と R′ 基は ethyl 基と butyl 基となります．これらを ABC 順

に並べると butyl 基のほうが先にきますので，よって「butyl ethyl ketone」となります．

（2）環にケトン基が直結している鎖状ケトン

ケトン基をもつ1つの炭化水素鎖に1つ以上の環が結合している化合物は，環部分を置換基とする鎖状ケトンとしてS法で命名します．ただし，簡単な化合物についてはR法で命名してもよい．

例

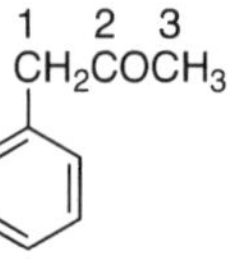

phenylpropan-2-one（S名）
benzyl methyl ketone（R名）

（3）環にケトン基が直結した鎖状ケトン

鎖状アシル基RCO−が環系に直結した化合物は，次の3つの方法で命名することができます．
① S法，② R法，③ 環系の名称に接頭語アシル基を付ける．

例

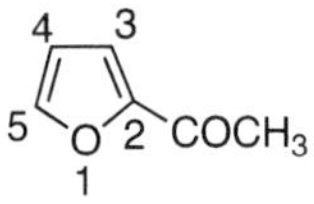

① 1-(2-furyl) ethanone
② 2-furyl methyl ketone
③ 2-acetylfuran

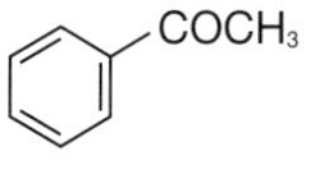

アセトフェノン
(acetophenone)

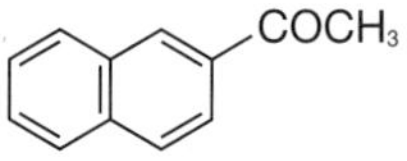

2′-アセトナフトン
(2′-acetonaphthone)

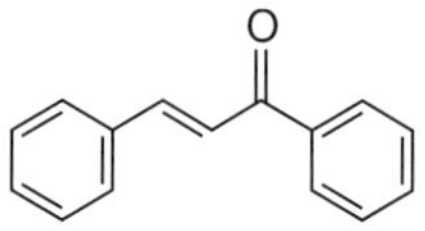

カルコン
(chalcone)

（4）炭素環系ケトンと複素環系ケトン

環系の名称のあとに接尾語「−one」（名称の末尾に「e」があれば除く），「−dione」などを付けて命名するS法を採用します．位置番号は，環系固有の位置番号がない場合にはケトン基に最小位置番号を付けますが，その他は環固有の位置番号に従います．

例

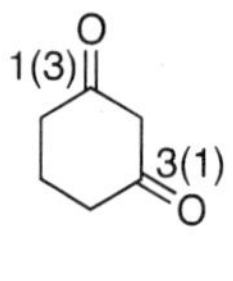

シクロヘキサン-1,3-ジオン
(cyclohexane-1,3-dione)

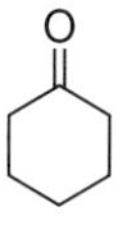

シクロヘキサノン
(cyclohexanone)

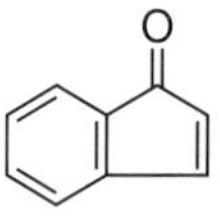

インデン-1-オン
(inden-1-one)

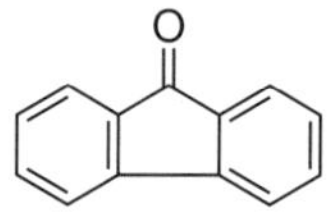

フルオレン-9-オン
(fluoren-9-one)

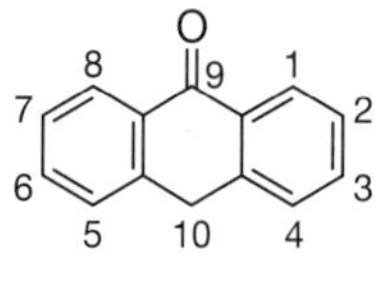

アンスロン
(anthrone)

5.3 ケテン

化合物 $CH_2=C=O$ をケテン「ketene」と名付け，その誘導体として命名するか，「1-en-1-one」として命名します．

例 C₆H₅−CH=C=O　　phenylketene または 2-phenyleth-1-en-1-one
CH₃CH₂COCH=C=O　　propionylketene または pent-1-ene-1,3-dione

5.4 キノン

カルボニル関連化合物として重要なものに**キノン**があります．キノンとは，芳香族化合物の1,2-または1,4-位のCH原子団2つをCO原子団に置き換えてできる化合物の総称です．それぞれ，***o*-キノン**，***p*-キノン**と呼びます．

医薬品の基本骨格として重要なものを以下に示します．

o-benzoquinone　　*p*-benzoquinone　　1,4-naphthoquinone　　anthraquinone
（*o*-ベンゾキノン）（*p*-ベンゾキノン）（1,4-ナフトキノン）（アントラキノン）

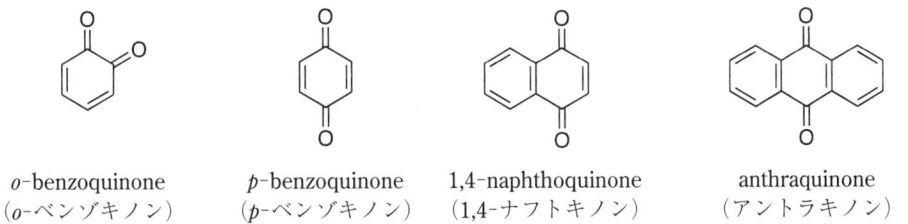

表5.1に第15改正日本薬局方収載あるいは天然成分である重要なアルデヒドおよびケトン性化合物の構造，名称，薬効などを並べておきます．

表 5.1

構造式	名　称	薬効・用途
OHC～CHO	グルタラール glutaral glutaraldehyde	殺菌消毒剤
H₂C=O	ホルマリン formalin formaldehyde	殺菌消毒剤
(構造式)	ワルファリンカリウム warfarin potassium potassium(±)-2-oxo-3- (3-oxo-1-phenylbutyl)- chromen-4-olate	抗凝血剤
(構造式)	メチラポン metyrapone 2-methyl-1,2-di(pyridin-3-yl) propan-1-one	下垂体ACTH分泌機能検査薬
(構造式)·HCl·3H₂O	オキシコドン塩酸塩水和物 oxycodone hydrochloride hydrate (5α)-4,5-epoxy-14-hydroxy-3- methoxy-17-methyl-morphinan- 6-one hydrochloride trihydrate	癌疼痛治療剤
(構造式)	ベンズブロマロン benzbromarone 3,5-dibromo-4-hydroxy-phenyl 2-ethylbenzofuran-3-yl ketone	高尿酸血症改善剤

第5章　アルデヒド，ケトンおよび関連化合物

表5.1 つづき

構造式	名称	薬効・用途
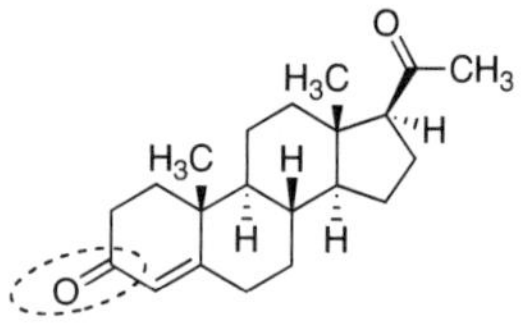	プロゲステロン progesterone 4-pregnene-3,20-dione	黄体ホルモン
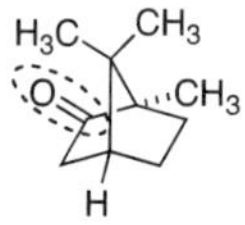	d-カンフル d-camphor (1R,4R)-bornan-2-one	消炎, 鎮痛剤
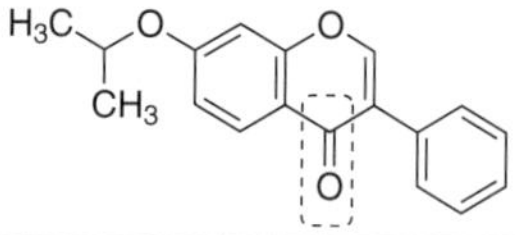	イプリフラボン ipriflavone 7-isopropoxyisoflavone	骨粗鬆症治療剤
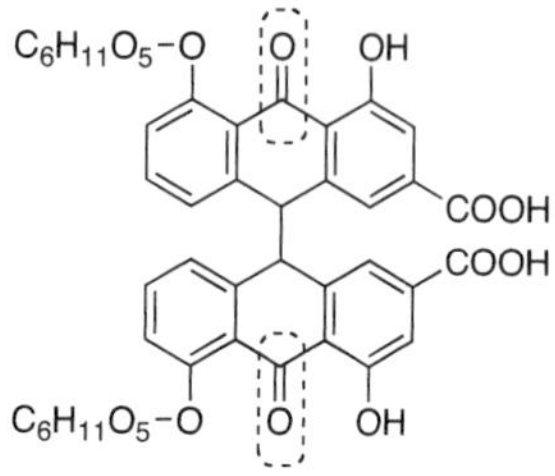	センノシド sennoside dihydro-dirheinanthrone glucoside	緩下剤
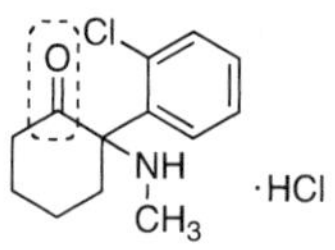	ケタミン塩酸塩 ketamine hydrochloride (±)-2-(2-chlorophenyl)-2-methylaminocyclohexanone hydrochloride	全身麻酔剤
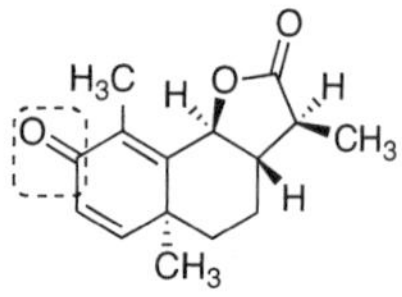	サントニン santonin (3S,3aS,5aS,9bS)-3a,5,5a,9b-tetrahydro-3,5a,9-trimethyl-naphtho[1,2-b]furan-2,8-(3H,4H)-dione	回虫駆除剤
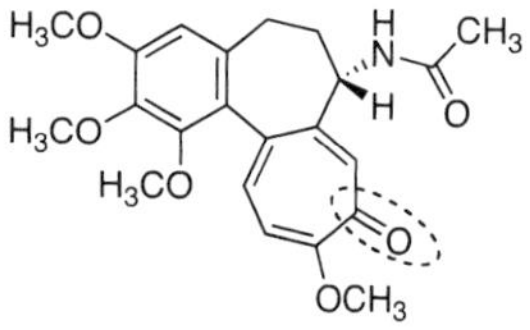	コルヒチン colchicine N-[(7S)-(5,6,7,9-tetrahydro-1,2,3,10-tetramethoxy-9-oxobenzo[a]heptalen-7-yl)]acetamide	痛風治療剤
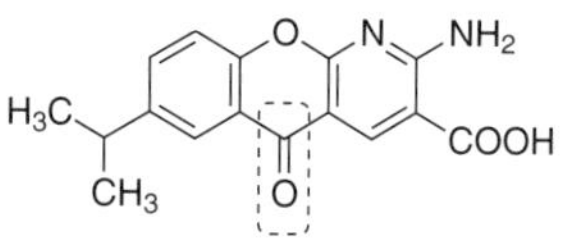	アンレキサノクス amlexanox 2-amino-7-isopropyl-5-oxo-5H-[1]benzopyrano[2,3-b]pyridine-3-carboxylic acid	アレルギー性疾患治療剤
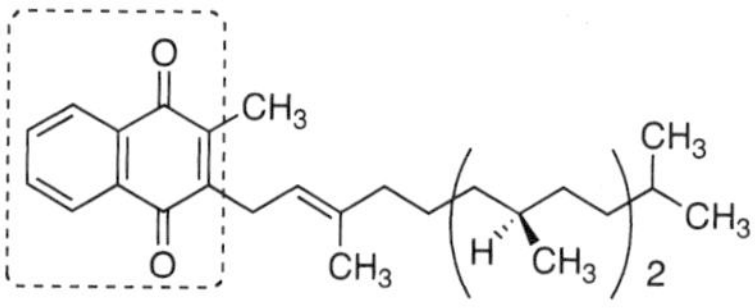	フィトナジオン phytonadione 2-methyl-3-[(2E,7R,11R)-3,7,11,15-tetramethylhexadec-2-en-1-yl]-1,4-naphthoquinone	ビタミン K_1

50　　　第5章　アルデヒド, ケトンおよび関連化合物

表 5.1 つづき

構造式	名　　称	薬効・用途
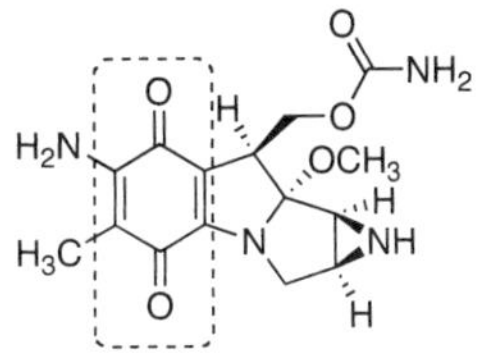	マイトマイシン C mitomycin C (1a*S*,8*S*,8a*R*,8b*S*)-6-amino-4,7-dioxo-1,1a,2,8,8a,8b-hexahydro-8a-methoxy-5-methylazirino[2′,3′: 3,4]pyrrolo[1,2-*a*]indol-8-yl-methyl carbamate	抗腫瘍性抗生物質
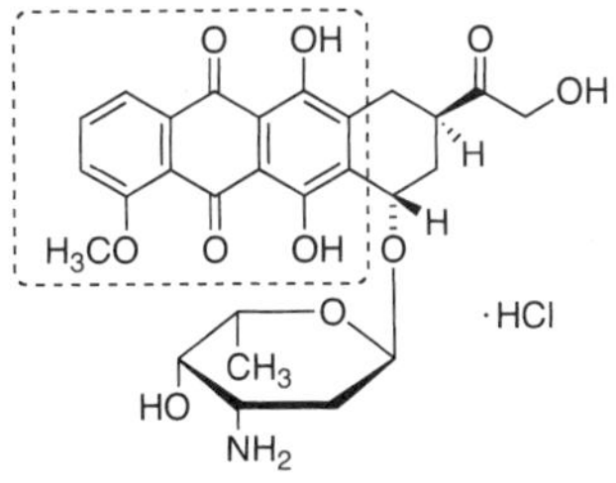	ドキソルビシン塩酸塩 doxorubicin hydrochloride (2*S*, 4*S*)-4-(3-amino-2,3,6-trideoxy-α-L-*lyxo*-hexopyranosyloxy)-2,5,12-trihydroxy-2-hydroxyacetyl-7-methoxy-1,2,3,4-tetrahydrotetracene-6,11-dione monohydrochloride	抗腫瘍性抗生物質

第6章
カルボン酸および関連化合物

　前章では，アルデヒドやケトンなどの**カルボニル基**を有する化合物を中心に述べました．今回は，カルボニル基の炭素原子にヒドロキシ基（hydroxy group，–OH）が結合した官能基である**カルボキシ基**（carboxy group，–COOH）をもつ化合物（**カルボン酸**）およびその誘導体（**エステル，アミド**）についてまとめました．

　カルボン酸やエステルは自然界に広く存在するだけでなく，食品としても工業的にも重要な化合物です．食酢に**酢酸**（CH₃COOH）が含まれていることは知っていますね．酢酸はエタノールが酸化されてできたものです．また，酢酸は長鎖脂肪酸，ステロイドやその他の複雑な天然有機化合物の最小生合成単位（アセチルCoA）でもあります．医薬品には，カルボキシ基や**エステル結合**さらには**アミド結合**を有するものが数多くあります．例をあげますと，セファロスポリン系抗生物質である**セファロチンナトリウム**（cefalotin sodium）（mono sodium(6R,7R)-3-acetoxymethyl-8-oxo-7-[2-(thiophen-2-yl)acetylamino]-5-thia-1-azabicyclo[4.2.0]oct-2-ene-2-carboxylate）は，構造中にカルボキシ基，エステル結合，アミド結合のすべてをもっています．また，最近インフルエンザの特効薬として汎用され，その副作用が問題となっている抗ウイルス薬**タミフル®**（オセルタミビルリン酸塩）（oseltamivir phosphate）(−)-ethyl(3R,4R,5S)-4-acetamido-5-amino-3-(1-ethylpropoxy)cyclohex-1-ene-1-carboxylate phosphate というかなり長い命名がなされています）も1個のエステル結合と1個のアミド結合をもっています．

　まず，カルボン酸およびその誘導体の構造の特徴をみてみましょう．カルボン酸は，一般式 **R–COOH** で表され，カルボキシ基 –COOH をもつ化合物，**エステル**は一般式 **R–COOR′**（R, R′ ＝ アルキル基またはアリール基）で表される化合物の総称です．エステルの構造的特徴からも明らかなように，形式的にはカルボン酸とアルコールから1分子の水が脱離して生成したものです．また，**アミド**は一般式 **R–CO–NH–R′**（R, R′ ＝ アルキル基またはアリール基）で表される化合物の総称です．アミドは形式的にはカルボン酸とアミンから水1分子が脱離して生成したものです．

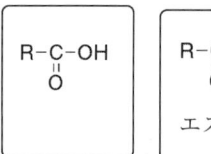

```
┌─────────────┐   ┌─────────────────────────────┐
│   R-C-OH    │   │  R-C-OR'      R-C-N-R'      │
│     ‖       │   │    ‖            ‖  |        │
│     O       │   │    O            O  H        │
│             │   │  エステル      アミド        │
└─────────────┘   └─────────────────────────────┘
   カルボン酸          カルボン酸誘導体
```

6.1 カルボン酸の名前の付け方

　カルボン酸の命名法には①**S 法**，②**C 法**，③**慣用名**の3つがあります．カルボン酸の **IUPAC 命名法**において，接尾語としては「**〜 oic acid**」と「**〜 carboxylic acid**」の2つがあり，接頭語としては「**carboxy 〜**」のみです．よってこれだけ知っていれば十分です．実際の例を見ながら名前の付け方に慣れましょう．

（1）S 法（〜 oic acid）（Substitution nomenclature）＝置換命名法

　脂肪族炭化水素の末端のメチル基をカルボキシ基 –COOH に換えたカルボン酸として，カルボキシ基の炭素原子を含む母体炭化水素名の最後の「〜 e」を「〜 oic acid」に換えて命名します．前にも触れましたが，カルボキシ基はラジカルやイオンを除くと，**最も優先順位の高い官能基**です．これは命名法において大変重要なところで，国家試験にもよく出題されますので，もう一度復習しておきましょう．

```
命名法における官能基の優先順位
                O   O
                ‖   ‖
 —COOH   >   —C-O-C—   >   —COOR   >   —CONH₂   >   —CHO   >
    O
    ‖
  —C—   >   —OH   >   —SH   >   —NH₂   >   R-O-R'   >   R-S-R'
```

　よって，カルボキシ基の炭素に番号1を付け，その –COOH 基を含む最も長い鎖に沿ってすべての置換基に番号を付けながら，主鎖の各原子に位置番号を付ければよいのです．
　次の例をみてみましょう．

例1

$$\overset{6}{C}H_3-\overset{5}{C}H_2-\overset{4}{C}H_2-\overset{3}{C}H_2-\overset{2}{C}H_2-\overset{1}{C}OOH$$

ヘキサン酸（hex**an**_oic acid_）

この場合，位置番号を表示する必要はありません．なぜならば，表示しなくても直鎖のため正しい構造がわかるからです．

例2

$$\underset{7}{CH_2}=\underset{6}{CH}-\underset{5}{CH}(CH_3)-\underset{4}{CH_2}-\underset{3}{CH_2}-\underset{2}{CH_2}-\underset{1}{COOH}$$

5-メチル-6-ヘプテン酸
(5-methyl-6-heptenoic acid)

この場合，側鎖（メチル基）や二重結合があるため，その位置を示す必要があります．

（2）S 法（〜 carboxylic acid）

　カルボキシ基 –COOH を置換基とみなして接尾語「〜 carboxylic acid」を母体炭化水素名に付けて命名します．したがって –COOH 基の炭素には位置番号を付けません．この命名法は，主としてカルボキシ基が環に直結した化合物に適用されます．

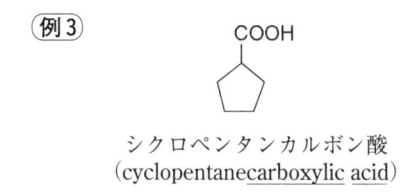

例3

シクロペンタンカルボン酸
(cyclopentanecarboxylic acid)

（3）C 法（Conjunctive nomenclature）＝接合命名法

　カルボキシ基 –COOH が環に直結しないカルボン酸の命名は次のいずれかで行います．
① 鎖状カルボン酸の誘導体として S 法（〜 oic acid）で命名します．
② C 法で命名します．

例4

① 4-(2-naphthyl)butanoic acid
② naphthalene-2-butanoic acid

（4）慣用名

　カルボン酸には慣用名をもつものが数多く存在します．それらの名称は最初に単離された天然物の由来を示していることがよくあります．例えば蟻の蒸留により得られる**ギ酸**〔蟻酸（formic acid）〕，酢に含まれる主要な酸である**酢酸**（acetic acid），さらには吉草根に含まれる**吉草酸**（valeric acid）などがあります．しかしながら，**IUPAC では従来から使用されてきた慣用名は今後なるべく使用しないよう勧めています**．これまでよく使用されてきた，以下に示す C_6 〜 C_{10} までの酸の慣用名は使用されなくなったので，体系名（S 名）を使用しなければなりません．ついでながら天然には偶数炭素数 6，8，10 が重要で，特にこれらを低級脂肪酸（乳脂中に多い）と呼んでいます．

第 6 章　カルボン酸および関連化合物

表 6.1

炭素数	構造式	使用が認められない慣用名	体系名（S名）
6	CH₃(CH₂)₄COOH	**カプロン酸（caproic acid）**	**ヘキサン酸（hexanoic acid）**
7	CH₃(CH₂)₅COOH	エナント酸（enanthic acid）	ヘプタン酸（heptanoic acid）
8	CH₃(CH₂)₆COOH	**カプリル酸（caprylic acid）**	**オクタン酸（octanoic acid）**
9	CH₃(CH₂)₇COOH	ペラルゴン酸（pelargonic acid）	ノナン酸（nonanoic acid）
10	CH₃(CH₂)₈COOH	**カプリン酸（capric acid）**	**デカン酸（decanoic acid）**

その他，以下に慣用名の使用が認められている重要なカルボン酸をまとめてみました．重要なものばかりですので，必ず憶えましょう．

表 6.2

(a) 飽和脂肪族モノカルボン酸

構造式	慣用名	体系名（S名）
HCOOH	ギ酸（formic acid）	メタン酸（methanoic acid）
CH₃COOH	酢酸（acetic acid）	エタン酸（ethanoic acid）
CH₃CH₂COOH	プロピオン酸（propionic acid）	プロパン酸（propanoic acid）
CH₃CH₂CH₂COOH	酪酸（butyric acid）	ブタン酸（butanoic acid）

CH₃CHCOOH
    |
    CH₃
	イソ酪酸（isobutyric acid）	2-メチルプロパン酸
		（2-methylpropanoic acid）

CH₃CH₂CH₂CH₂COOH	吉草酸（valeric acid）	ペンタン酸（pentanoic acid）

CH₃CHCH₂CH₂COOH
    |
    CH₃
	イソ吉草酸（isovaleric acid）	3-メチルブタン酸
		（3-methylbutanoic acid）

CH₃
    |
CH₃CCOOH
    |
    CH₃
	ピバル酸（pivalic acid）	2,2-ジメチルプロパン酸
		（2,2-dimethylpropanoic acid）

CH₃(CH₂)₁₀COOH	ラウリン酸（lauric acid）	ドデカン酸（dodecanoic acid）
CH₃(CH₂)₁₄COOH	パルミチン酸（palmitic acid）	ヘキサデカン酸（hexadecanoic acid）
CH₃(CH₂)₁₆COOH	ステアリン酸（stearic acid）	オクタデカン酸（octadecanoic acid）

表 6.2 つづき

(b) 飽和脂肪族ジカルボン酸

構造式	慣用名	体系名（S名）
COOH-COOH	シュウ酸（oxalic acid）	エタン二酸（ethanedioic acid）
CH₂(COOH)₂	マロン酸（malonic acid）	プロパン二酸（propanedioic acid）
(CH₂)₂(COOH)₂	コハク酸（succinic acid）	ブタン二酸（butanedioic acid）
(CH₂)₃(COOH)₂	グルタル酸（glutaric acid）	ペンタン二酸（pentanedioic acid）
(CH₂)₄(COOH)₂	アジピン酸（adipic acid）	ヘキサン二酸（hexanedioic acid）

(c) 不飽和脂肪族カルボン酸

構造式	慣用名	体系名（S名）
CH₂=CH-COOH	アクリル酸（acrylic acid）	プロペン酸（propenoic acid）
H₃C-(CH₂)₆-CH=CH-(CH₂)₅-COOH	オレイン酸（oleic acid）	cis-オクタデカ-9-エン酸（cis-octadec-9-enoic acid）
cis-HOOC-CH=CH-COOH	マレイン酸（maleic acid）	cis-ブテン二酸（cis-butenedioic acid）
trans-HOOC-CH=CH-COOH	フマル酸（fumalic acid）	trans-ブテン二酸（trans-butenedioic acid）

(d) 炭素環系カルボン酸

構造式	慣用名	体系名（S名）
C₆H₅-COOH	安息香酸（benzoic acid）	ベンゼンカルボン酸（benzenecarboxylic acid）
1,2-C₆H₄(COOH)₂	フタル酸（phthalic acid）	ベンゼン-1,2-ジカルボン酸（benzene-1,2-dicarboxylic acid）
1,4-C₆H₄(COOH)₂	テレフタル酸（terephthalic acid）	ベンゼン-1,4-ジカルボン酸（benzene-1,4-dicarboxylic acid）
2-ナフチル-COOH	2-ナフトエ酸（2-naphthoic acid）	ナフタレン-2-カルボン酸（naphthalene-2-carboxylic acid）
C₆H₅-CH=CH-COOH	ケイヒ酸（cinnamic acid）	trans-3-フェニルプロペン酸（trans-3-phenylpropenoic acid）

第 6 章　カルボン酸および関連化合物

表 6.2 つづき

(e) 複素環系カルボン酸

構造式	慣用名	体系名（S名）
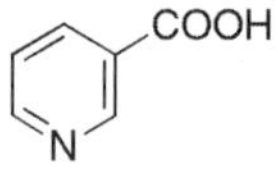 ピリジン-3-COOH	ニコチン酸（nicotinic acid）	ピリジン-3-カルボン酸 (pyridine-3-carboxylic acid)
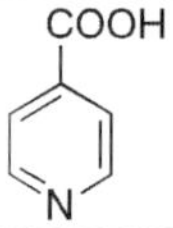 ピリジン-4-COOH	イソニコチン酸（isonicotinic acid）	ピリジン-4-カルボン酸 (pyridine-4-carboxylic acid)

6.2　エステルの名前の付け方

酸の名前の接尾語「〜 ic acid」を「〜 ate」に換えて命名すればよいのです．

- 例5　$CH_3COOC_2H_5$　　　酢酸エチル（ethyl acet<u>ate</u>）
- 例6　$CH_2(COOC_2H_5)_2$　　マロン酸ジエチル（diethyl malon<u>ate</u>）

6.3　アミドの名前の付け方

（1）アミノ基 -NH₂ に置換基のない第一アミド（R-CO-NH₂）

酸名の接尾語「〜 oic acid」を「〜 amide」に換えるか，「〜 carboxylic acid」を「〜 carboxamide」に換えればよいのです．

- 例7　$CH_3\text{-}CH_2\text{-}CH_2\text{-}CH_2\text{-}CH_2\text{-}CO\text{-}NH_2$　ヘキサナミド（hexan<u>amide</u>）
- 例8　$CH_3\text{-}CO\text{-}NH_2$　　アセタミド（acet<u>amide</u>）

例9

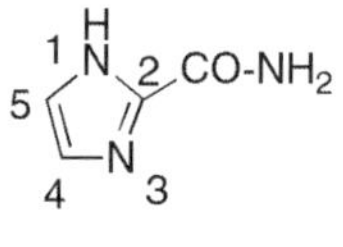

イミダゾール-2-カルボキサミド
(imidazole-2-<u>carboxamide</u>)

（2）N-置換アミド（R^1-CO-NHR^2, R^1-CO-NR^{2}R^3）

命名の仕方は第一アミドの場合と同様ですが，N- 置換アミドの置換基 R^2 と R^3 は接頭語で示します．

例10 C₆H₅–CO–NH–CH₃　　*N*-メチルベンズアミド（*N*-methylbenz<u>amide</u>）

例11

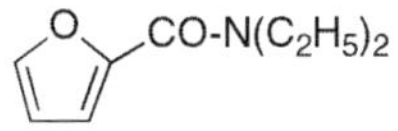

N,*N*-ジエチル-2-フラミド（*N*,*N*-di<u>e</u>thyl-2-fur<u>amide</u>）

例12

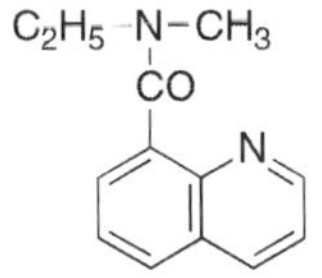

N-エチル-*N*-メチル-8-キノリンカルボキサミド
（*N*-<u>e</u>thyl-*N*-<u>m</u>ethyl-8-quinoline<u>carboxamide</u>）

この例のように，アミド窒素上に異なる置換基が付いている場合，置換基はアルファベット順（a, b, c … e … m …）に並べます．

表6.3にカルボン酸，エステルおよびアミド構造を有する医薬品の構造式，名称，薬効などを並べておきます．この表には過去に国家試験に出題されたものが多く含まれていますので，必ず目を通しておいて下さい．

表 6.3

構造式	名　称	薬効・用途
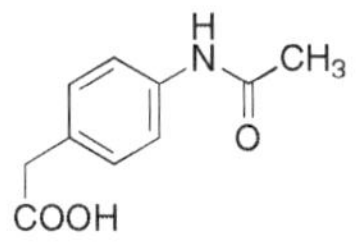	アクタリット (actarit) (4-acetylaminophenylacetic acid)	抗リウマチ剤
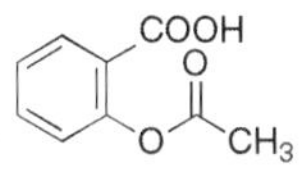	アスピリン (aspirin) (2-acetoxybenzoic acid)	サリチル酸系解熱鎮痛・抗血小板剤
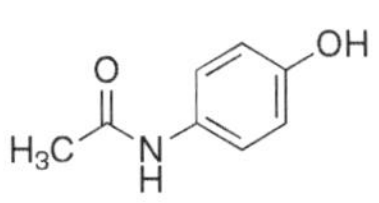	アセトアミノフェン (acetaminophen) {*N*-(4-hydroxyphenyl)acetamide}	解熱鎮痛剤
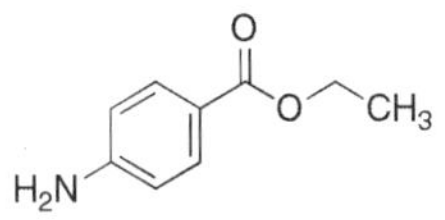	アミノ安息香酸エチル (benzocaine) (ethyl 4-aminobenzoate)	局所麻酔剤

第6章　カルボン酸および関連化合物

表 6.3 つづき

構造式	名 称	薬効・用途
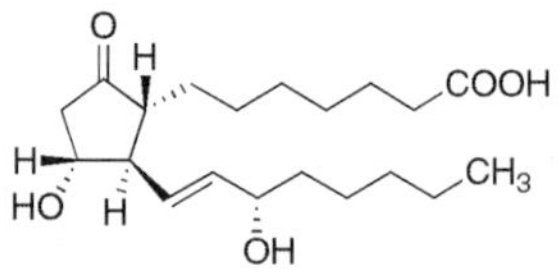	アルプロスタジル (alprostadil) {(1R,2R,3R)-3-hydroxy-2[(E)-(3S)-3-hydroxy-1-octenyl]-5-oxocyclopentane heptanoic acid}	プロスタグランジン E_1 誘導体
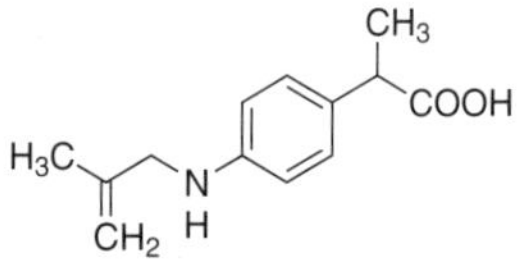	アルミノプロフェン (alminoprofen) {(±)-2-(p-(2-methylallylamino)phenyl)-propionic acid}	消炎鎮痛剤
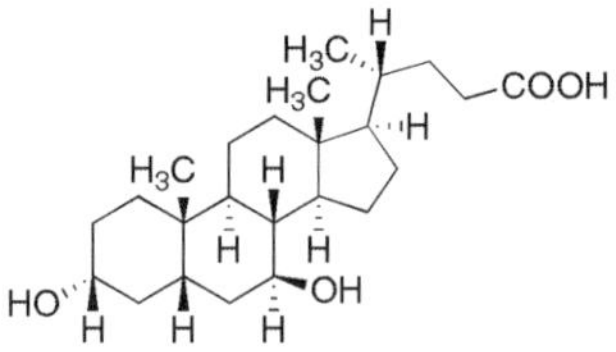	ウルソデオキシコール酸 (ursodeoxycholic acid) (3α,7β-dihydroxy-5β-cholan-24-oic acid)	肝・胆・消化機能改善剤
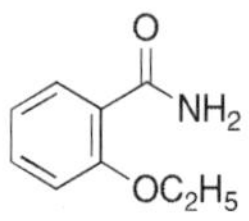	エテンザミド (ethenzamide) (2-ethoxybenzamide)	解熱鎮痛剤
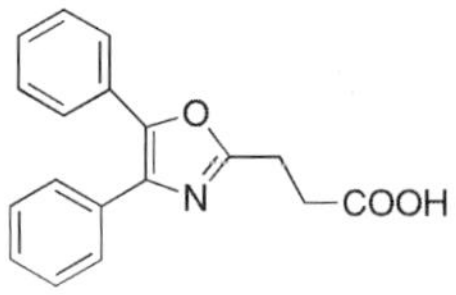	オキサプロジン (oxaprozin) {3-(4,5-diphenyloxazol-2-yl)propanoic acid}	消炎鎮痛剤
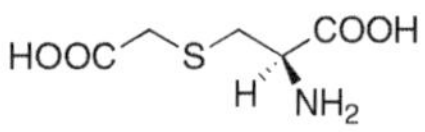	L-カルボシステイン (L-carbocisteine) {(2R)-2-amino-3-carboxymethyl-sulfanylpropanoic acid}	気道粘液調整・粘膜正常化剤
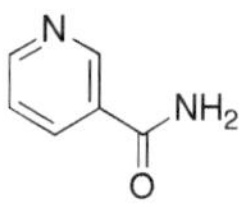	ニコチン酸アミド (nicotinamide) (pyridine-3-carboxamide)	抗ペラグラ因子ビタミン
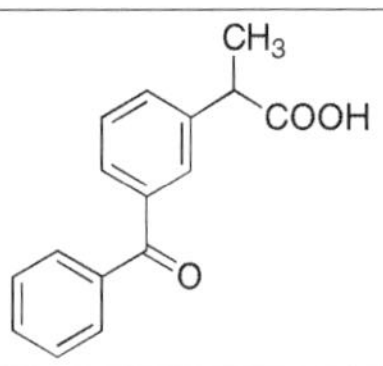	ケトプロフェン (ketoprofen) {(±)-2-(3-benzoylphenyl)propanoic acid}	消炎鎮痛剤

表 6.3 つづき

構造式	名　称	薬効・用途
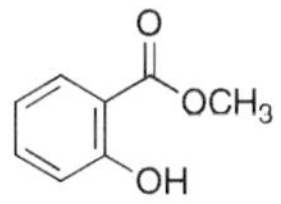 (構造式)	サリチル酸メチル (methyl salicylate) (methyl 2-hydroxybenzoate)	消炎鎮痛剤
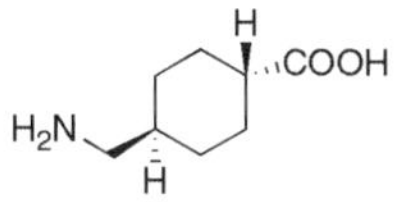 (構造式)	トラネキサム酸 (tranexamic acid) {trans-4-(aminomethyl)cyclohexane-carboxylic acid}	抗プラスミン剤

第7章
異項環

環状構造をもち，環を構成する原子が炭素原子だけでなく，**酸素**（O），**硫黄**（S），**窒素**（N），その他の**ヘテロ原子**（異原子ともいう．有機化合物中に含まれる炭素，水素以外の原子のこと）を含むもののことです．まとめて記号Zで示します．**複素環式化合物**（略して**複素環**，または**ヘテロ環**とも呼びます）ともいいます．それはさらに，**脂肪族異項環系**と**芳香族異項環系**に分類されます．

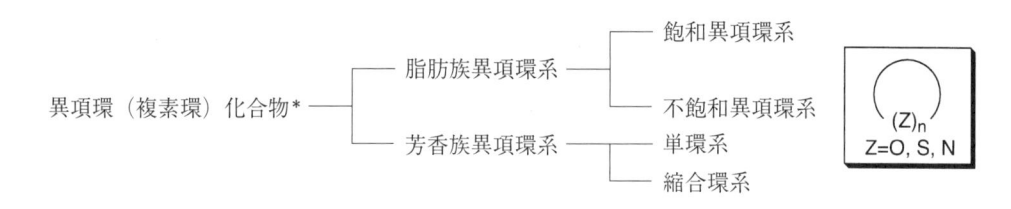

異項環（複素環）化合物* ─┬─ 脂肪族異項環系 ─┬─ 飽和異項環系
　　　　　　　　　　　　│　　　　　　　　　　└─ 不飽和異項環系
　　　　　　　　　　　　└─ 芳香族異項環系 ─┬─ 単環系
　　　　　　　　　　　　　　　　　　　　　　└─ 縮合環系

(Z)ₙ　Z=O, S, N

7.1　異項環の位置番号の付け方

簡単なルールがありますので，それを憶えて下さい．

〈規則1〉

原則として**ヘテロ原子**から番号を付ける（**例**）ピリジンの場合，**窒素原子が1**になります．しかし，異種のヘテロ原子があるときは規則2に従うことに注意）．同種のヘテロ原子が2つ以上ある場合，ヘテロ原子の番号をなるべく小さくなるようにする（**例**）ピリミジンの場合，2つの窒素原子には1と3を割り当て，決して1, 5とはしない）．

〈規則2〉

異種のヘテロ原子がある場合，その優先順位は酸素(O) > 硫黄(S) > 窒素(N)となります．つまり優先順位の高いヘテロ原子の位置番号を1とし，全部の番号をなるべく小さい番号にする（**例**）チ

---

*その他に以下の化合物を含む．

　ジカルボン酸無水物　　イミド　　ラクトン　　ラクタム

アゾールの場合，硫黄原子と窒素原子の番号がそれぞれ 1 と 3 となります）．

pyridine
ピリジン

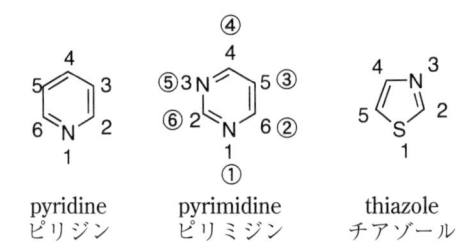

pyrimidine
ピリミジン

thiazole
チアゾール

このあと出てくる様々な異項環の構造式中には，上述のルールに従って付けた番号を書きましたので，しっかりと憶えて下さい．ただし，縮合環系の場合，必ずしも上述のルールに当てはまりません．すなわち，それぞれの環系独自の付け方をすることが多いので注意して下さい．それは後で述べます．

7.2 異項環にはどのようなものがあるでしょうか？

以下に，重要な異項環およびそれを基本構造とする第 15 改正日本薬局方収載医薬品の一例をあげておきます．

7.2.1 脂肪族異項環系

（1）単環系でヘテロ原子が 1 個のもの

tetrahydrofuran

tetrahydrothiophene

pyrrolidine

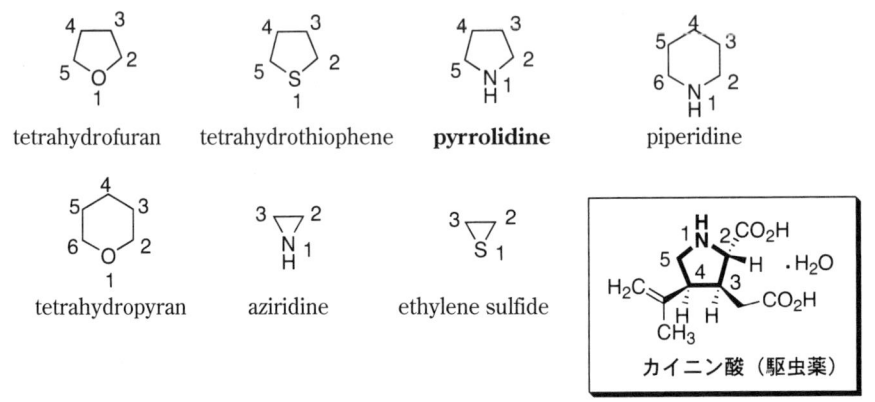

piperidine

tetrahydropyran

aziridine

ethylene sulfide

カイニン酸（駆虫薬）

(2*S*,3*S*,4*S*)-3-(carboxymethyl)-4-isopropyl**pyrrolidine**-2-carboxylic acid monohydrate

（2）二環系でヘテロ原子が 1 個のもの

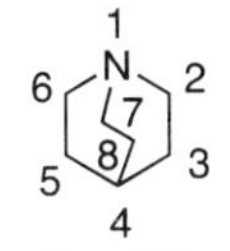

quinuclidine

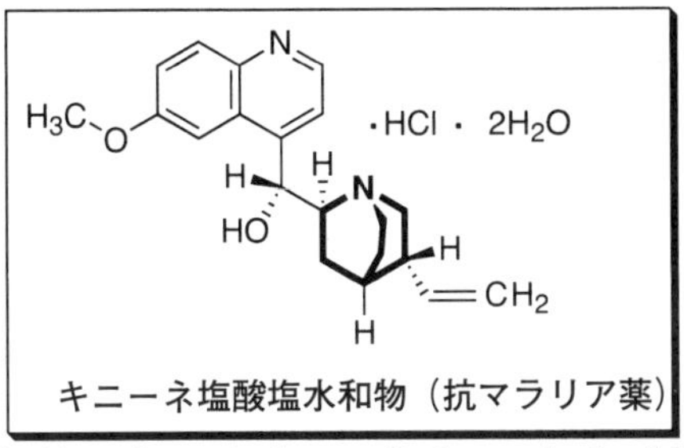

キニーネ塩酸塩水和物（抗マラリア薬）

(8S,9R)-6′-methoxycinchonan-9-ol monohydrochloride dihydrate

（3）単環系で同種ヘテロ原子が 2 個のもの

1,4-dioxane　　**piperazine**

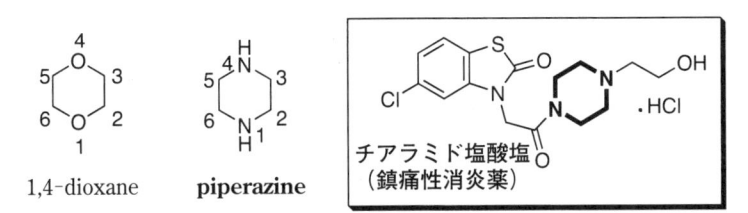

チアラミド塩酸塩（鎮痛性消炎薬）

5-chloro-3-{2-[4-(2-hydroxyethyl)**piperazin**-1-yl]-2-oxoethyl}-3H-benzothiazol-2-one monohydrochloride

（4）単環系で異種ヘテロ原子が 2 個のもの

morpholine

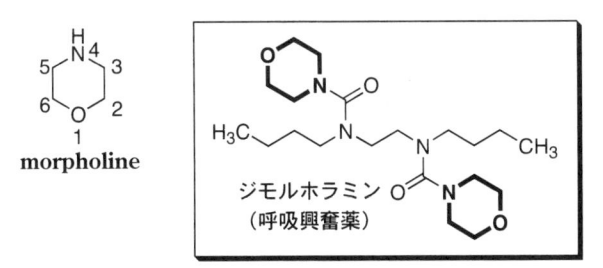

ジモルホラミン（呼吸興奮薬）

N,N′-ethylenebis(N-butyl-N-**morpholine**-4-carboxamide)

7.2.2　芳香族異項環系

（1）単環系

(a) 5 員環でヘテロ原子が 1 個のもの

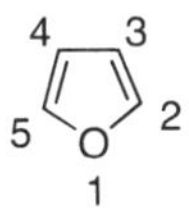

furan 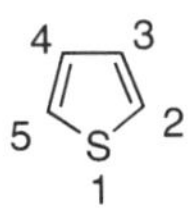　　thiophene 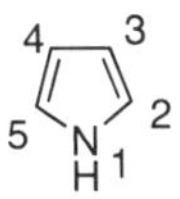　　pyrrole

第 7 章　異項環

(b) 6員環でヘテロ原子が1個のもの

pyran　　pyridine

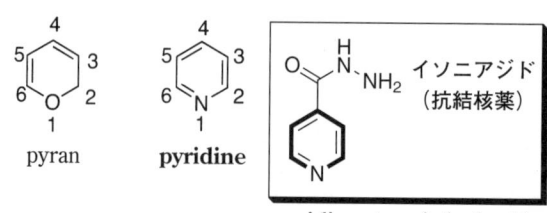

イソニアジド
（抗結核薬）

pyridine-4-carbohydrazide

(c) 5員環で同種ヘテロ原子が2個のもの

pyrazole　　imidazole

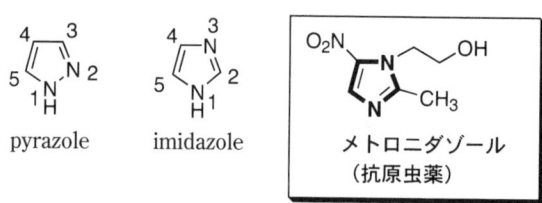

メトロニダゾール
（抗原虫薬）

2-(2-methyl-5-nitro-1*H*-**imidazol**-1-yl)ethanol

(d) 6員環で同種ヘテロ原子が2個以上のもの

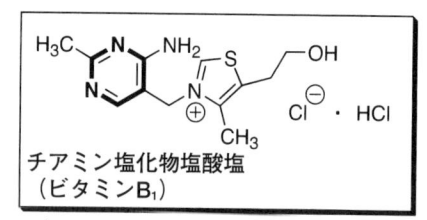

チアミン塩化物塩酸塩
（ビタミンB₁）

3-(4-amino-2-methyl**pyrimidin**-5-ylmethyl)-5-(2-hydroxyethyl)-4-methylthiazolium chloride monohydrochloride

(e) 5員環で異種ヘテロ原子が2個以上のもの

oxazole　　**isoxazole**　　thiazole　　1,3,4-thiadiazole

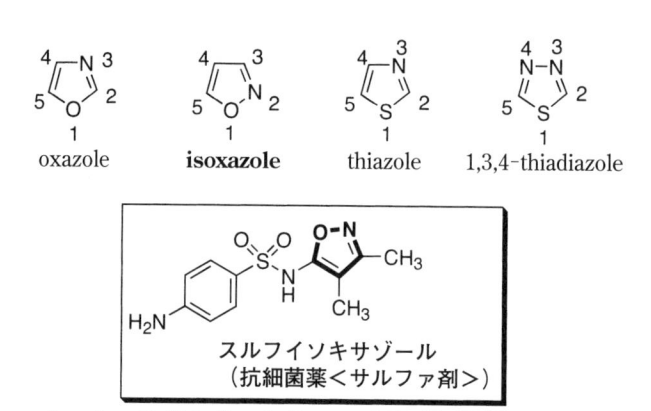

スルフイソキサゾール
（抗細菌薬＜サルファ剤＞）

4-amino-*N*-(3,4-dimethyl**isoxazol**-5-yl)benzenesulfonamide

（2）縮合環系

(a) 二環系（6員環-5員環）

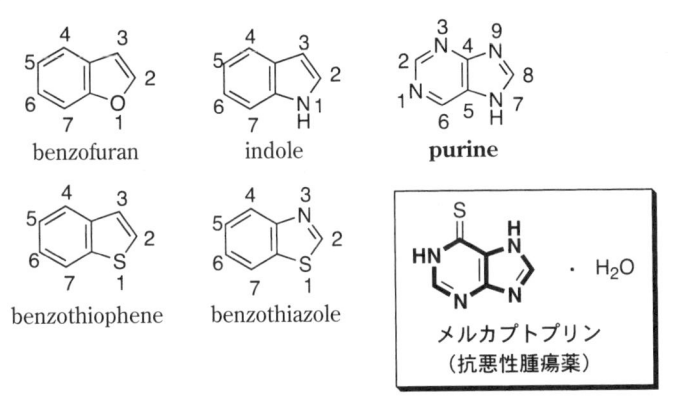

benzofuran　　indole　　purine

benzothiophene　　benzothiazole

メルカプトプリン
（抗悪性腫瘍薬）

1,7-dihydro-6H-**purine**-6-thione monohydrate

(b) 二環系（6員環-6員環）

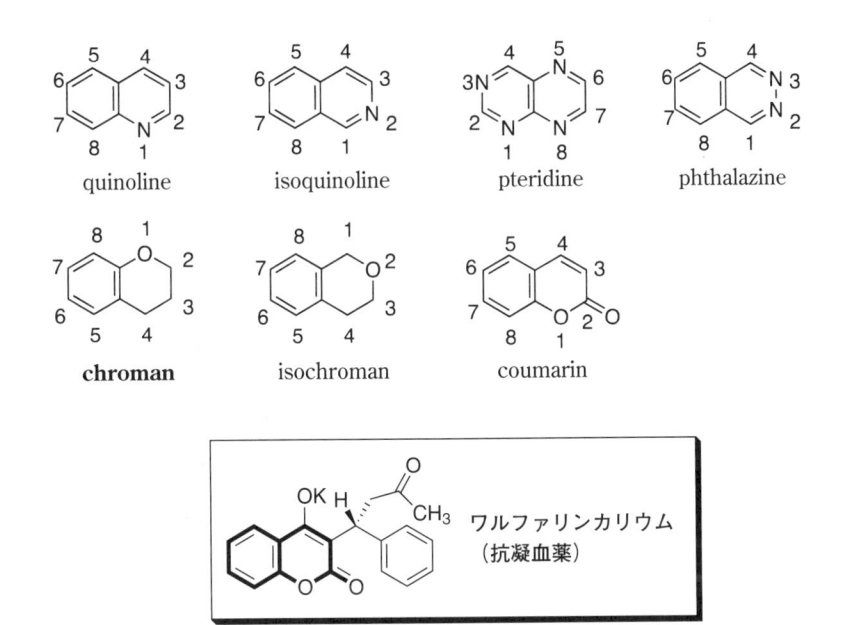

quinoline　　isoquinoline　　pteridine　　phthalazine

chroman　　isochroman　　coumarin

ワルファリンカリウム
（抗凝血薬）

monopotassium (RS)-2-oxo-3-(3-oxo-1-phenylbutyl)-**chromen**-4-olate

(c) 二環系（6員環-7員環）

1,4-benzodiazepine

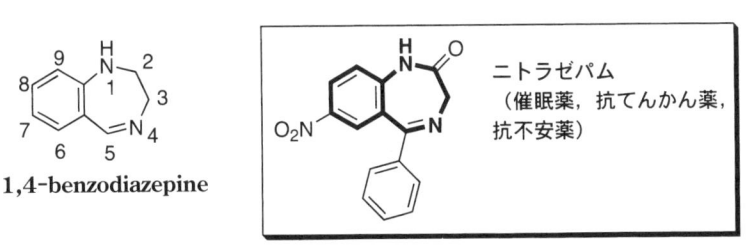

ニトラゼパム
（催眠薬, 抗てんかん薬, 抗不安薬）

1,3-dihydro-7-nitro-5-phenyl-2H-**1,4-benzodiazepin**-2-one

第7章　異項環

(d) 三環系（6員環-6員環-6員環）

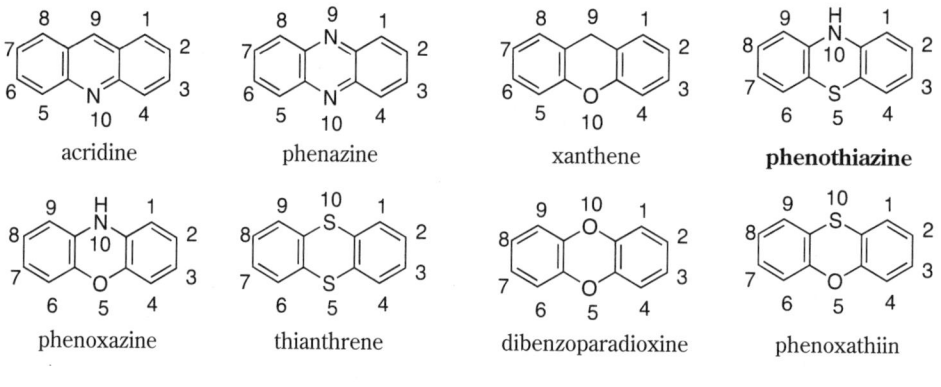

acridine　　　phenazine　　　xanthene　　　**phenothiazine**

phenoxazine　　thianthrene　　dibenzoparadioxine　　phenoxathiin

クロルプロマジン塩酸塩
（抗精神病薬）

N-[3-(2-chloro**phenothiazin**-10-yl)propyl]-*N*,*N*-dimethylamine monohydrochloride

(e) 三環系（6員環-7員環-6員環）

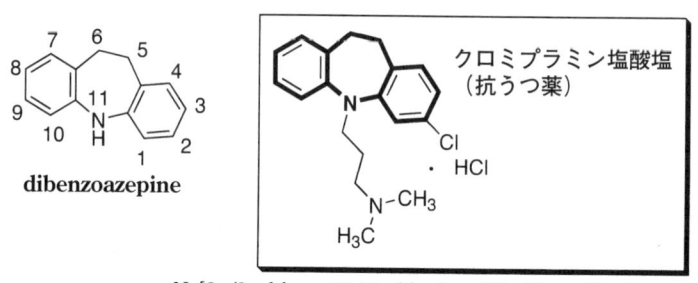

dibenzoazepine

クロミプラミン塩酸塩
（抗うつ薬）

N-[3-(3-chloro-10,11-dihydro-5*H*-**dibenz[*b*,*f*]azepin**-5-yl)propyl]-*N*,*N*-dimethylamine monohydrochloride

第 8 章
栄養素と生体成分

これまで，ごく基本的な化合物の命名法を IUPAC 法を中心にできる限りわかりやすく，重複もいとわず体系的に述べてきました．これまではいわば**基礎編**というべきものです．そこで国家試験をにらみつつ，今回は，**応用編**として栄養素や生体成分を生化学，生理化学，衛生化学分野の重要な化合物を取り上げ，名前の付け方をまとめてみましょう．

8.1 糖 質

8.1.1 糖質の分類

三大栄養素といえば糖質，脂質，タンパク質です．この中で一番頭に入りにくいものは，学生にいわせればこの**糖質**だと答えます．この原因は糖の化学構造と名前を付けるときに多くの約束があるからです．つまり，D 体，L 体とか，α とか β や Fischer 式，Haworth 式など耳慣れない専門用語が出てくるからでしょう．まず，糖質の概略を説明しておきましょう．

糖質は別名，**炭水化物**（carbohydrate）ともいいます．すなわち，その名の通り，主に**炭素**と**水素**と**酸素**の三元素から成り立っています．$C_nH_{2n}O_n$ または $C_n(H_2O)_n$，$C \geqq 3$ の一般式で表せます．食物として摂取され，体内において消化，吸収，代謝を受け，最終的に H_2O と CO_2 とエネルギー源である ATP（<u>a</u>denosine <u>t</u>riphosphate アデノシン-3-リン酸）を生成します．糖質を大きく分類すると次のようになります．

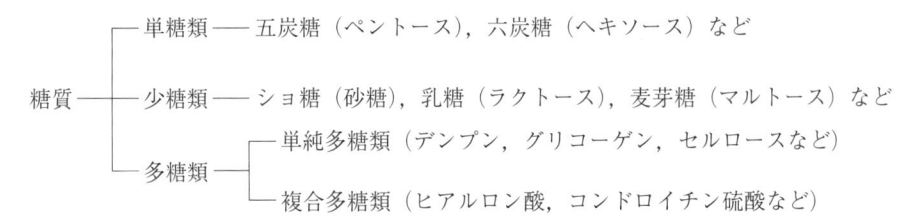

```
          ┌─ 単糖類 ── 五炭糖（ペントース），六炭糖（ヘキソース）など
          │
糖質 ─────┼─ 少糖類 ── ショ糖（砂糖），乳糖（ラクトース），麦芽糖（マルトース）など
          │
          │            ┌─ 単純多糖類（デンプン，グリコーゲン，セルロースなど）
          └─ 多糖類 ──┤
                       └─ 複合多糖類（ヒアルロン酸，コンドロイチン硫酸など）
```

また，多糖類は自然界にはデンプン，セルロースなどとして存在しますが，動物界ではグリコーゲンと呼び，同じ多糖類でも名称が異なります．

8.1.2 糖類の構造を表す重要な約束

（1）糖類の絶対配置の表し方

　糖類の構造を表すのに原則的には IUPAC 命名法に従いますが，その名称は長いので，これまでもっぱら慣用名が使用されてきました．絶対配置を表す *R/S* 表記法は完璧で申し分のないものの，不斉炭素原子が多くなると，例2 のように 2*R*, 3*S*, 4*R*, 5*R* というようにその分だけ表記せねばならず煩雑になってきます．そこで，絶対配置を表す簡便な方法として D/L 表記法の慣用名，例えば D-(+)-グルコース（後述）を用います．以下，IUPAC 法と慣用名の両方を書いてみましょう．

例1

2,3-ジヒドロキシプロパナール（IUPAC）
グリセルアルデヒド（慣用名）
アルドトリオース

1,3-ジヒドロキシプロパノン（IUPAC）
1,3-ジヒドロキシアセトン（慣用名）
ケトトリオース

例2

(2*R*,3*S*,4*R*,5*R*)-2,3,4,5,6-ペンタヒドロキシヘキサナール（IUPAC）
D-(+)-グルコース（慣用名）
アルドヘキソースの一種

(2*R*,3*S*,4*R*)-2,3,4,5-テトラヒドロキシペンタナール（IUPAC）
D-(−)-リボース（慣用名）
アルドペントースの一種

　2,3,4-トリヒドロキシブタナールのジアステレオマーであるエリトロースとトレオースの命名法は次のようになっています．

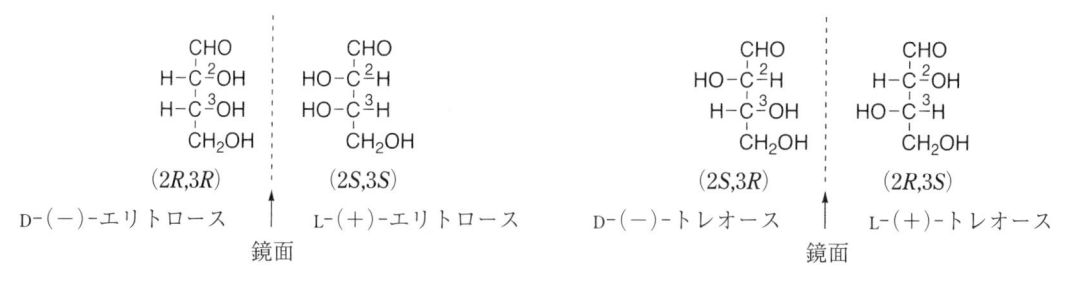

(2*R*,3*R*)　　(2*S*,3*S*)　　(2*S*,3*R*)　　(2*R*,3*S*)
D-(−)-エリトロース　L-(+)-エリトロース　　D-(−)-トレオース　L-(+)-トレオース
　　　　　　　鏡面　　　　　　　　　　　　　　鏡面

（2）アルドースとケトースの2種類がある

　上記の例1 にも書いたように，糖類には**アルデヒド基**（溶液中ではもっぱら環状構造をとるため遊離型ではほとんど存在しない）をもつ**アルドース**と**ケト基**をもつ**ケトース**の2種類があります．アルドースの代表は**グルコース**であり，ケトースの代表は**フルクトース**です．最も簡単なアルドースは D-**グリセルアルデヒド**，ケトースは**ジヒドロキシアセトン**（前述）です．

```
        CHO              CH₂OH
      H-C-OH              C=O
         ⌇             HO-C-H
                           ⌇
      アルドース          ケトース


        CHO              CH₂OH
      H-C-OH              C=O
     HO-C-H             HO-C-H
      H-C-OH             H-C-OH
      H-C-OH             H-C-OH
       CH₂OH              CH₂OH

      グルコース          フルクトース
    (アルドヘキソース)  (ケトヘキソース)
```

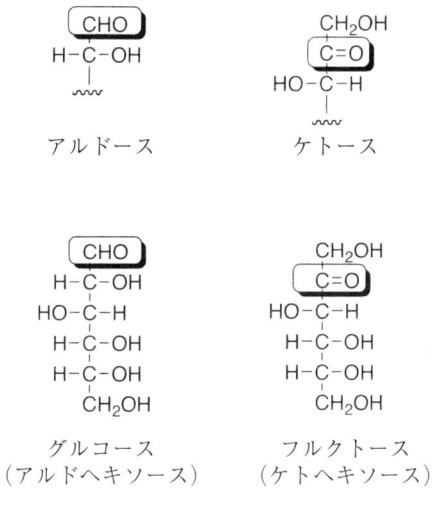

（3）D 型と L 型が存在する

上記の(2)の D-グリセルアルデヒドとジヒドロキシアセトンは基本的にはグリセリン（3価アルコール）を出発物として考えれば，それぞれから2種の異性体とケトースであるジヒドロキシアセトンを生成します．これらを下記のように描くと理解しやすく，記憶しやすいでしょう．

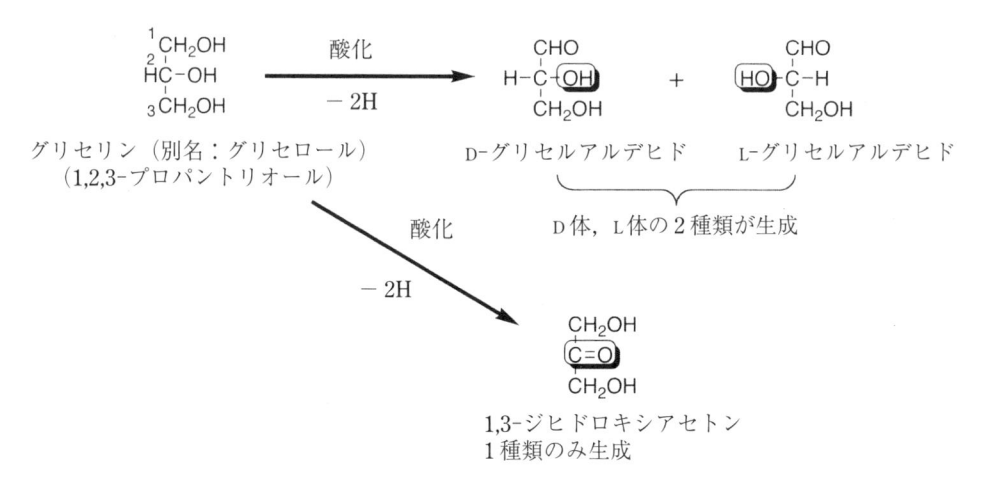

```
  ¹CH₂OH                        CHO           CHO
  ²HC-OH    ──酸化──→        H-C-OH    +   HO-C-H
  ³CH₂OH      -2H              CH₂OH         CH₂OH
グリセリン（別名：グリセロール）  D-グリセルアルデヒド  L-グリセルアルデヒド
 (1,2,3-プロパントリオール)
                                  D体，L体の2種類が生成
             酸化
            ──→            CH₂OH
             -2H             C=O
                            CH₂OH
                        1,3-ジヒドロキシアセトン
                         1種類のみ生成
```

糖の構造中最も酸化段階の高い官能基，すなわちアルデヒド基やケトン基ですが，これらから最も離れた不斉炭素原子において**右側に OH 基がついたものを D 体**，その反対を L 体とする約束があります．しかし，自然界に存在するほとんどすべての糖は D 体であることは憶えておいて下さい．例外としてフコースとイズロン酸は L 体ですので注意して下さい．

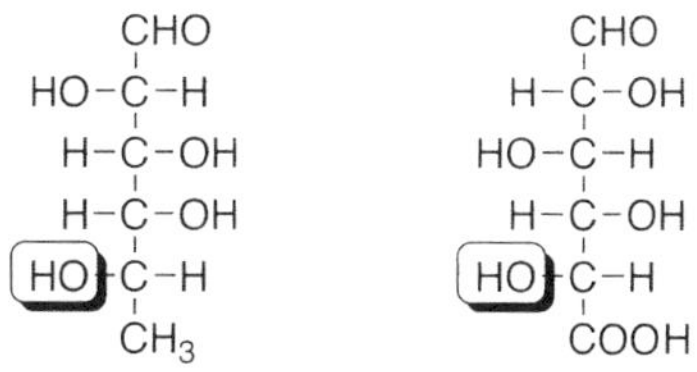

```
       CHO              CHO
     HO-C-H           H-C-OH
     H-C-OH          HO-C-H
     H-C-OH           H-C-OH
     HO-C-H           HO-C-H
       CH₃             COOH

     L-フコース       L-イズロン酸
```

（4）不斉炭素原子の数による異性体が存在

不斉炭素原子とは炭素に結合している4つの原子または原子団が各々異なる場合をいいますが，この糖類では各炭素に結合している原子または原子団が異なるので多くの不斉炭素があり，それによってたくさんの**立体異性体**が存在します．その数は**不斉炭素 n 個**の場合，2^n **個**となります．例をあげますと，アルドヘキソース（アルデヒド基をもつ六炭糖）の場合 $2^4 = 16$ **個**の立体異性体が存在します．つまり下図（D系列のみ示してある）に示すように，グルコース，ガラクトース，マンノースなど8種類の異性体およびそれらの鏡像体（**エナンチオマー**）ということになります．グルコース，ガラクトース，マンノースなどはそれぞれ**ジアステレオマー**（2個以上の不斉中心をもつ異性体のうち，互いに鏡像体でないものをいう．これらは旋光度などの物理化学的性質が完全に異なる）の関係にあることも重要ですよ．

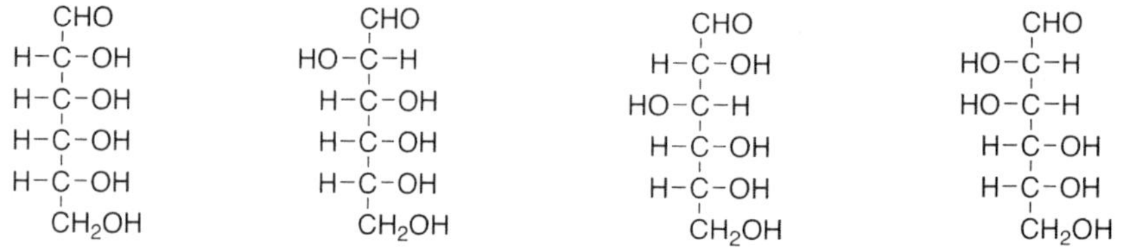

D-(+)-アロース　　D-(+)-アルトロース　　D-(+)-グルコース　　D-(+)-マンノース

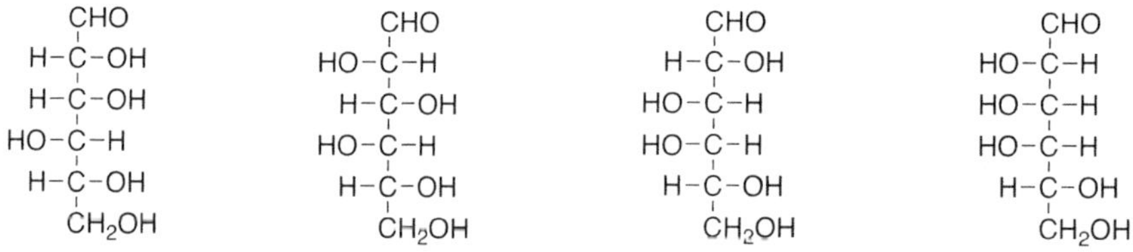

D-(−)-グロース　　D-(+)-イドース　　D-(+)-ガラクトース　　D-(+)-タロース

D系列のアルドヘキソース

これらアルドース系列の8つはいずれもD体ですが，これらと鏡像関係にあるL体が同じく8個あることも憶えておいて下さい．

（5）直鎖型（Fischer 投影式）と環状構造（Haworth 式）

アルドースの代表であるグルコースは，水溶液中で直鎖型と環状構造との平衡混合物として存在しています．しかし，このアルデヒド基は種々の反応性から考えて（例えばシッフ試薬，フクシン亜硫酸とは反応しない），真のアルデヒドとはいえず，むきだしのアルデヒド基ではないことから，環状構造（Haworth 式）が考えられました．

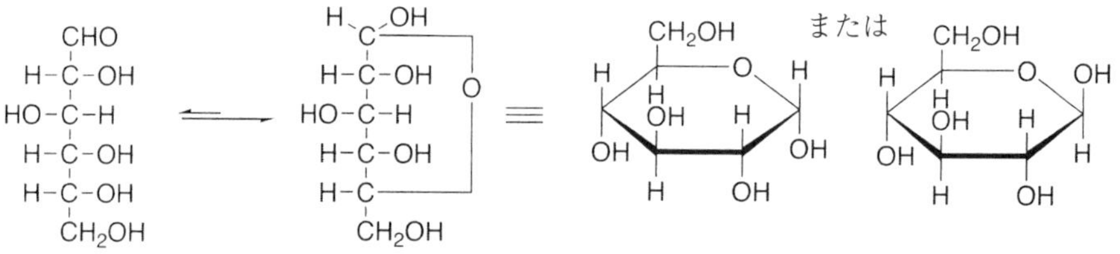

（Fischer 投影式）　　　　　（Haworth 式）

（6）α形とβ形の区別

糖類が環状構造をとっていることは先に述べましたが，このため1位の水酸基と水素原子の付き方として2通り考えられます．すなわち，以下に示す2つです．D-グルコースを例にとると，この場合左側の構造のようにOH基が下にある場合を**α形**，OH基が上にある場合を**β形**と約束します（逆にHが上にある場合をα形，下にある場合をβ形と考えてもよい）．

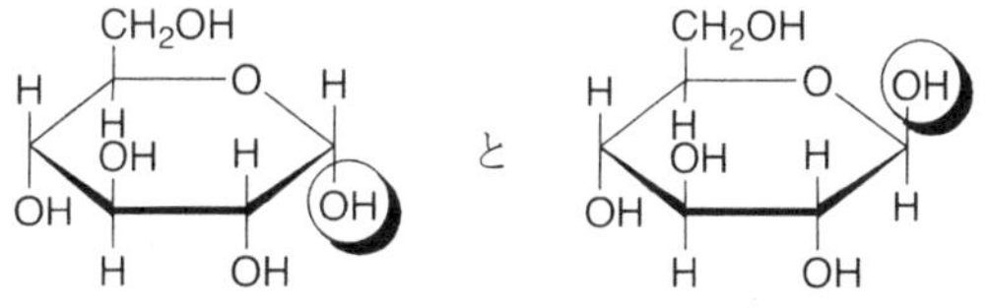

α形　　　　　　　β形

このことは次の構造式をみれば，さらに明らかになるでしょう．

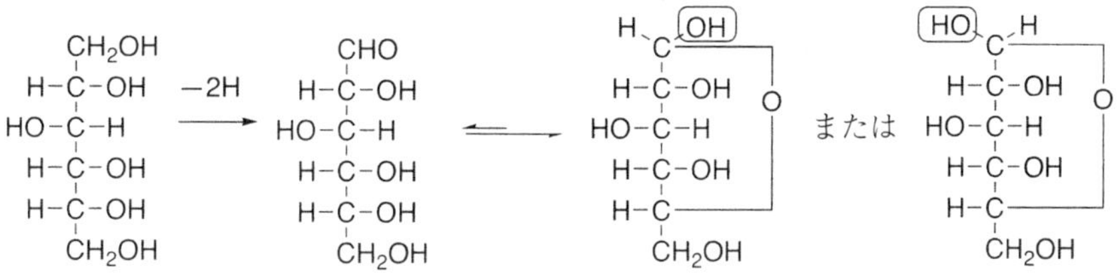

（7）変旋光

α-D-グルコースの結晶を水に溶かすと，最終的に両異性体の37：63の混合物になり，旋光度は＋52.7°に収束します．この現象を**変旋光**と呼びます．すなわち，鏡像異性体の示す旋光度が，溶液調製の直後から時間の経過とともに自然に変化し，一定の値に収斂する現象のことです．これは次の構造式の変化として容易に理解できるでしょう．各々以下の名称が付けられています．

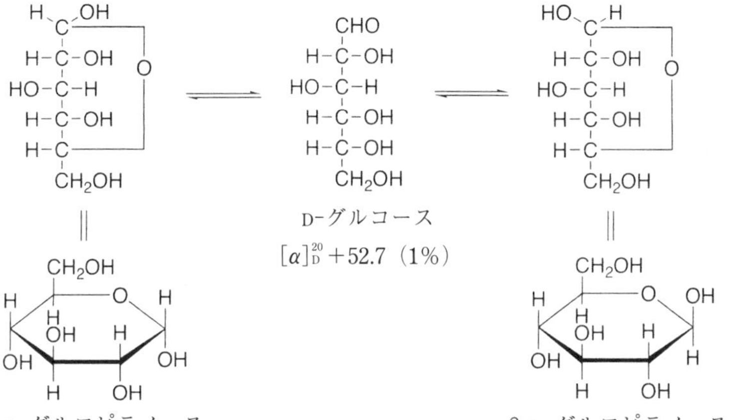

D-グルコース
$[\alpha]_D^{20}$ +52.7 (1%)

α-D-グルコピラノース
$[\alpha]_D^{20}$ +112.2 (37%)

β-D-グルコピラノース
$[\alpha]_D^{20}$ +18.7 (63%)

（3）で述べたD型，L型は構造上の系統を示すもので実際の旋光性とは全く関係ありません．旋光性を示す右旋性（dextrorotatory）はdか（＋），左旋性（levorotatory）はlか（－）で表します．

（8）いす形と舟形

環状糖は次のようにいす（chair）形と舟（boat）形で表すことができますが，一般にいす形のほうが熱力学的に安定であるので，通常，いす形で書き表します．

(chair形) 安定　　　　(boat形) 不安定

α-D-グルコース

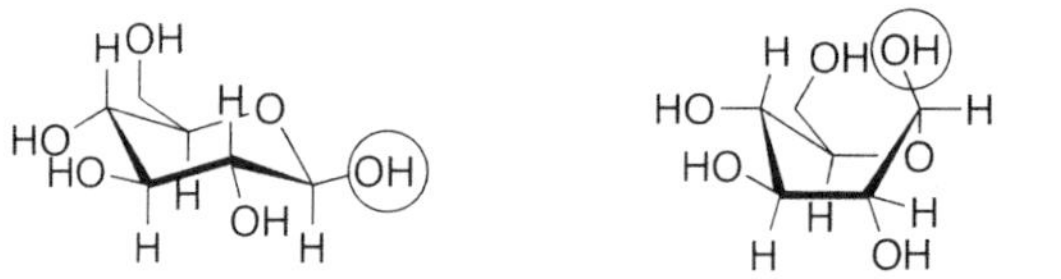

(chair形) 安定　　　　(boat形) 不安定

β-D-グルコース

以上，8つの約束を頭に入れてから次に進みましょう．

8.1.3 単糖類の環状構造（ピラノース形とフラノース形）

単糖類の環状構造式には6員環のピラノース形と5員環のフラノース形があるので注意して下さい．

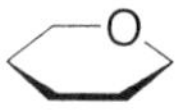

ピラノース形 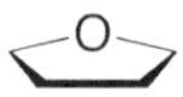　　　　フラノース形

8.1.4 糖類の命名（IUPAC）の例

糖類の命名においても，次のフォンダパリヌクスナトリウム（血栓塞栓症予防薬）のようにIUPAC命名法が基本ですが，下に示すように大変長い名前になっています．よって，生化学領域ではいまだ慣用名が多用されています．

フォンダパリヌクスナトリウム（fondaparinux sodium）

（IUPAC名）Decasodium methyl O-(2-deoxy-6-O-sulfo-2-sulfoamino-α-D-glucopyranosyl)-(1→4)-O-(β-D-glucopyranosyluronic acid)-(1→4)-O-(2-deoxy-3,6-di-O-sulfo-2-sulfoamino-α-D-glucopyranosyl)-(1→4)-O-(2-O-sulfo-α-L-idopyranosyluronic acid（1→4)-2-deoxy-6-O-sulfo-2-(sulfoamino)-α-D-glucopyranoside

8.1.5 単糖類の構造のまとめ

単糖類のいろいろを以下にまとめてみました．

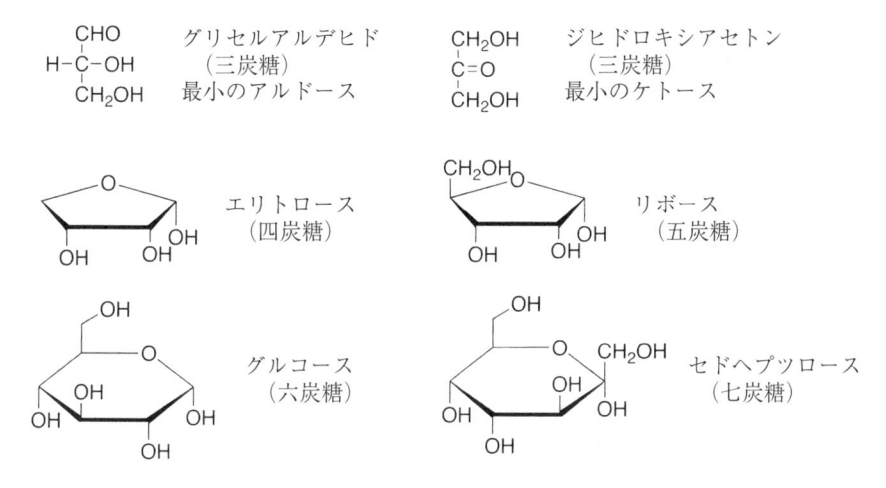

グリセルアルデヒド（三炭糖）最小のアルドース

ジヒドロキシアセトン（三炭糖）最小のケトース

エリトロース（四炭糖）

リボース（五炭糖）

グルコース（六炭糖）

セドヘプツロース（七炭糖）

8.1.6 主な糖類の環状構造式

（1）主な単糖類の環状構造式（Haworth式）と名称

	Pyranose（ピラノース）		Furanose（フラノース）	
	α 形	β 形	α 形	β 形
D系列	α-D-glucopyranose	β-D-glucopyranose	α-D-fructofuranose	β-D-fructofuranose
	α-D-mannopyranose	β-D-mannopyranose	α-D-ribofuranose	β-D-ribofuranose

第8章　栄養素と生体成分

	α-D-galactopyranose	β-D-galactopyranose	α-D-deoxyribofuranose	β-D-deoxyribofuranose
L系列	α-L-galactopyranose	β-L-galactopyranose	α-L-arabinofuranose	β-L-arabinofuranose
	α-L-idopyranose	β-L-idopyranose		

(2) 主な二糖類の構造式（Haworth式）と名称

これらも糖質として重要なものばかりです．覚えておきましょう．

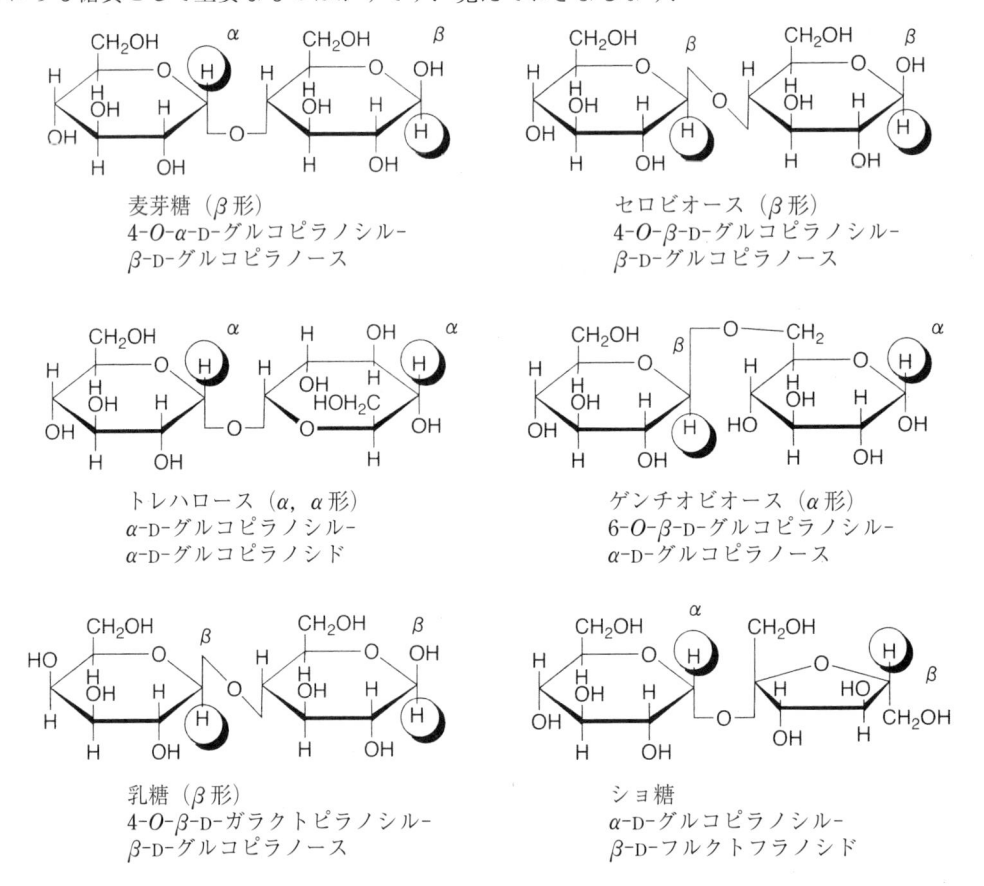

麦芽糖（β形）
4-*O*-α-D-グルコピラノシル-
β-D-グルコピラノース

セロビオース（β形）
4-*O*-β-D-グルコピラノシル-
β-D-グルコピラノース

トレハロース（α, α形）
α-D-グルコピラノシル-
α-D-グルコピラノシド

ゲンチオビオース（α形）
6-*O*-β-D-グルコピラノシル-
α-D-グルコピラノース

乳糖（β形）
4-*O*-β-D-ガラクトピラノシル-
β-D-グルコピラノース

ショ糖
α-D-グルコピラノシル-
β-D-フルクトフラノシド

（3）主な多糖類の構造

デンプンは直鎖状のアミロースと分枝状のアミロペクチンからなっています．

ⅰ）アミロース

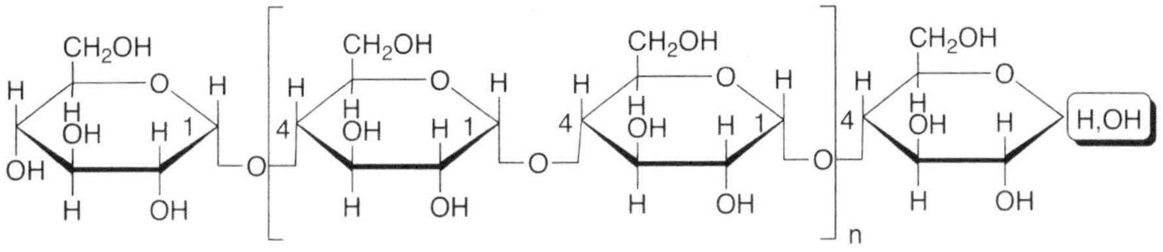

（マルトース単位）
アミロース

ⅱ）アミロペクチン

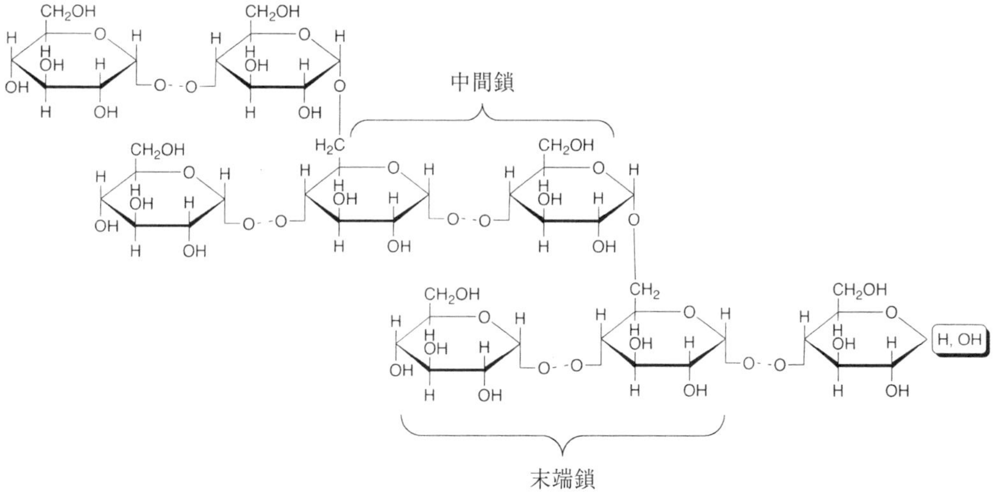

中間鎖

末端鎖

ⅲ）グリコーゲン

構造は前記のアミロペクチンに似ています．枝分かれが多いです（構造は省略します）．

ⅳ）セルロース

D-グルコースが $\beta1 \to 4$ グルカン結合で直鎖状に結合しています．

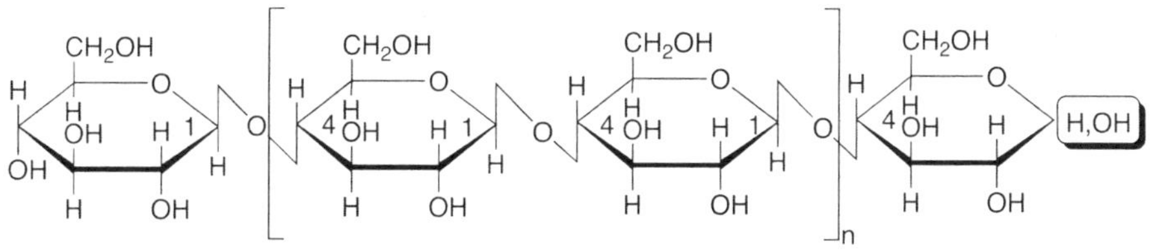

（セロビオース単位）
セルロース

第8章　栄養素と生体成分

ⅴ）ペクチン

D-ガラクツロン酸が α1 → 4 結合により直鎖状に結合した重合体です．

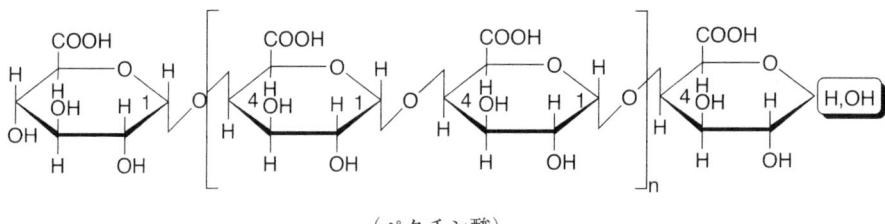

(ペクチン酸)
ペクチン（-COOCH₃ 体）

（4）主な複合多糖類の構造

ⅰ）ヒアルロン酸

D-グルクロン酸と N-アセチル-D-グルコサミンが β1 → 3 結合と β1 → 4 結合により交互に結合した重合体です．

ⅱ）コンドロイチン硫酸

D-グルクロン酸と N-アセチル-D-ガラクトサミンから成り，β1 → 3 結合と β1 → 4 結合により結合した直鎖構造をしています．

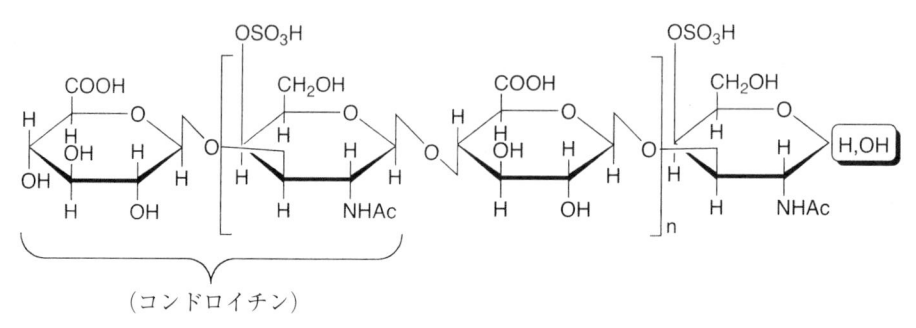

(コンドロイチン)
コンドロイチン硫酸A（コンドロイチン-4-硫酸）

ⅲ）ヘパリン

D-グルクロン酸，L-イズロン酸，D-グルコサミンおよび硫酸基から成っています．

第 8 章　栄養素と生体成分

この他，グルコマンナン，ガラクトマンナン，アルギン酸の複合多糖類などがあり，いずれも分子量3万～27万という高分子です．

8.2 脂　質

8.2.1 脂質ってなに？

前節から身体の中で大事な働きをする3つの生体成分（糖質，脂質，タンパク質）の名前を学んでいます．ここでは，脂質についてとりあげます．脂質ってなんでしょう？　漢字が示すとおり，「脂・油（あぶら）＝水に溶けない」です．水にほとんど溶けず，エーテルやベンゼンなどの無極性有機溶媒に溶けるものを**脂質**（lipids）と呼びます．このように脂質は物理的性質（水に対する溶解度の低さ）によって定義されますので，いろいろな化学構造をもつ分子が含まれます．それらは大きく2つのグループに分けられます．すなわち，エステル結合をもっていて加水分解可能なものと，エステル結合をもっていないものです．ここでは，前者に含まれる**単純脂質**と**複合脂質**の名前の付け方について学びましょう．

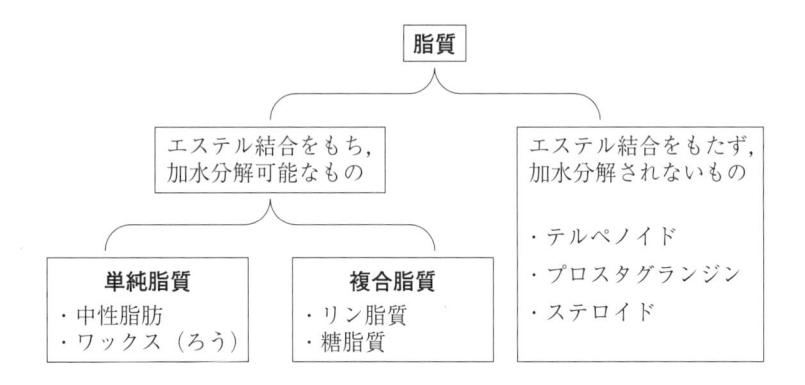

```
                            脂質
                  ┌──────────┴──────────┐
          エステル結合をもち，         エステル結合をもたず，
          加水分解可能なもの           加水分解されないもの
          ┌────┴────┐               ・テルペノイド
       単純脂質     複合脂質          ・プロスタグランジン
       ・中性脂肪    ・リン脂質          ・ステロイド
       ・ワックス（ろう） ・糖脂質
```

8.2.2 単純脂質（中性脂肪）（Simple lipids）（Neutral lipids）

私たちが日常生活で使っている油脂，例えば動物脂肪（バターやラード）や植物油（とうもろこし油や落花生油）などがあります．私たちの身体の中でいわゆる脂肪としてエネルギー源になっているものも中性脂肪です．これらの中性脂肪を1 mol加水分解すると，三価のアルコールである**グリセロール**（グリセリン）1 molと長鎖カルボン酸である**脂肪酸**3 molが生成します．つまり，中性脂肪とは，脂肪酸とグリセロール（グリセリン）からできているトリエステル（トリアシルグリセリド）で，電荷をもたないので**中性脂肪**と呼ばれるわけです．

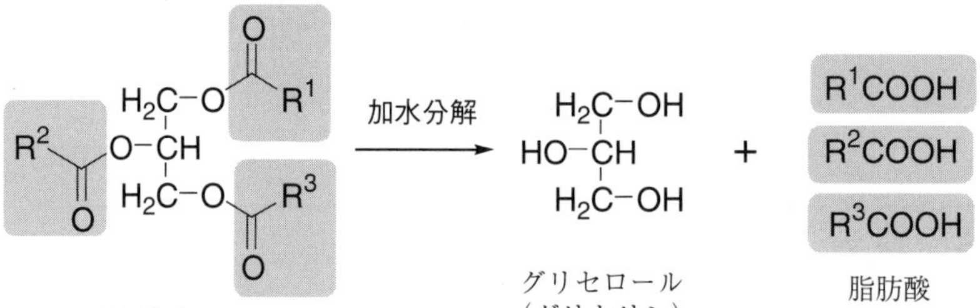

中性脂肪には多くの種類がありますが，それは，天然に存在する脂肪酸の種類がとても多く，トリエステル構造が様々な脂肪酸によって形成されるからです．天然の脂肪酸はカルボン酸の R の部分が長く炭素数を合計すると 12 〜 24 にもなります．また，その長い炭素鎖に二重結合をもっているもの（**不飽和脂肪酸**）や二重結合をもっていないもの（**飽和脂肪酸**）があります．一般に不飽和脂肪酸の二重結合はシス（Z）配置をとり，共役をしていません．また，不飽和結合が多いと脂肪酸の融点が低くなる傾向があります．

	名称（IUPAC 名）	炭素数	構　造
飽和脂肪酸	ラウリン酸 (dodecanoic acid)	12	$CH_3(CH_2)_{10}COOH$
	ミリスチン酸 (tetradecanoic acid)	14	$CH_3(CH_2)_{12}COOH$
	パルミチン酸 (hexadecanoic acid)	16	$CH_3(CH_2)_{14}COOH$
	ステアリン酸 (octadecanoic acid)	18	$CH_3(CH_2)_{16}COOH$
	アラキジン酸 (eicosanoic acid)	20	$CH_3(CH_2)_{18}COOH$
不飽和脂肪酸	パルミトレイン酸 ((Z)-9-hexadecenoic acid)	16	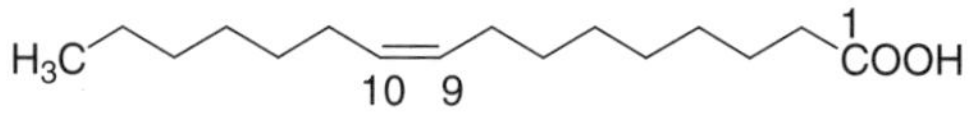
	オレイン酸 n-9（ω-9） ((Z)-9-octadecenoic acid)	18	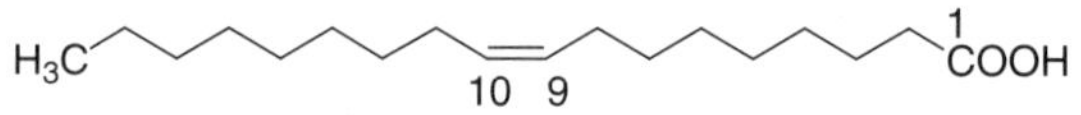
	リノール酸 n-6（ω-6） ((Z,Z)-9,12-octadecadienoic acid)	18	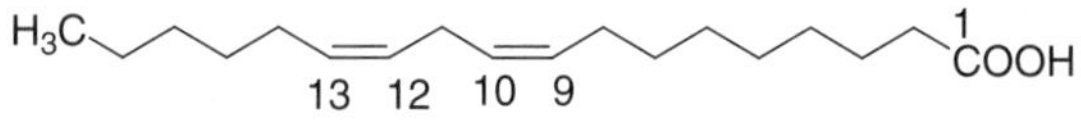
	α-リノレン酸* n-3（ω-3） ((9Z,12Z,15Z)-9,12,15-octadeca-trienoic acid)	18	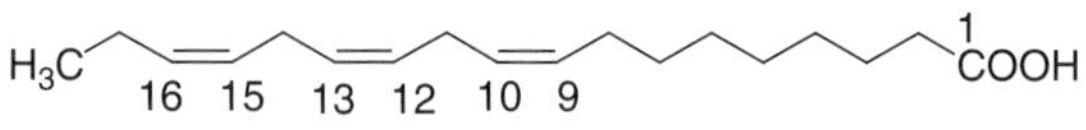
	γ-リノレン酸* n-6（ω-6） ((6Z,9Z,12Z)-6,9,12-octadeca-trienoic acid)	18	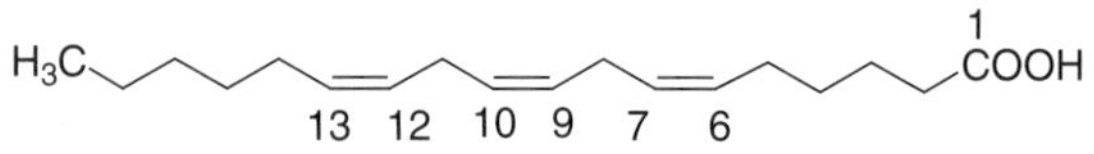
	アラキドン酸 n-6（ω-6） ((5Z,8Z,11Z,14Z)-5,8,11,14-eicosatetraenoic acid)	20	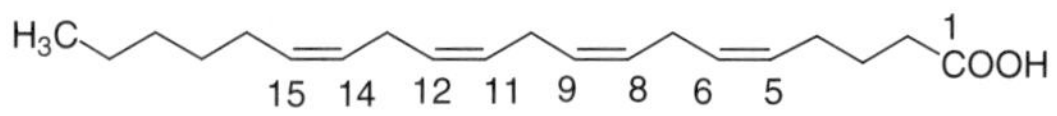

	名称（IUPAC名）	炭素数	構造
不飽和脂肪酸	エイコサペンタエン酸（EPA）n-3（ω-3）((5Z,8Z,11Z,14Z,17Z)-5,8,11,14,17-eicosapentaenoic acid)	20	H₃C–18–17–15–14–12–11–9–8–6–5–COOH–1
	ドコサヘキサエン酸（DHA）n-3（ω-3）((4Z,7Z,10Z,13Z,16Z,19Z)-4,7,10,13,16,19-docosahexaenoic acid)	22	H₃C–20–19–17–16–14–13–11–10–8–7–5–4–COOH–1

* α-体は（9,12,15），γ-体は（6,9,12）の二重結合の位置異性体を示す．

　表にあるように，脂肪酸にはそれぞれ名前が付いています．これらの重要な脂肪酸については名前を覚えてください．この他に脂肪酸を構成する炭素の数および二重結合の数と位置に注目した規則的な表し方がいくつかありますので紹介します．

　1つ目はこれまで学んだカルボン酸の名前の付け方のとおりに行うものです．脂肪酸はカルボン酸ですから，**カルボン酸の命名法**に従うのは納得できますね．例えば，**パルミチン酸**は16個の炭素をもつカルボン酸ですから，IUPAC命名法では**ヘキサデカン酸**となります．オレイン酸は18個の炭素をもち，シス（Z）配置の二重結合を9位にもちます（カルボン酸の命名では，カルボキシ基の炭素に位置番号の1をつけて末端に向かって番号を付けていくことを思い出してください）．したがって，オレイン酸はシス（Z）-9-オクタデセン酸になります．

　2つ目の方法は上と同じやり方ですが，もっと簡単に数字で表すものです．例えば，リノール酸は炭素数の合計が18個で，2個の二重結合があります．カルボン酸の炭素を1位とすると，それぞれの二重結合の位置は9位および12位になります．これらをまとめて，18：2（9, 12）と表記します．

リノール酸
18：2 (9, 12)

炭素数：二重結合の数　（二重結合炭素の位置番号）

　3つ目の方法は，生合成過程に注目した番号の付け方で，生化学の教科書に多く書かれているものです．この方法では，位置番号のふりかたがこれまでと逆になっていて，カルボキシ基と反対の端にあるメチル基をω（オメガ）末端として位置番号の1を付けます．例えば，先ほどのリノール酸はω末端から数えると二重結合が6位および9位にあたり，これを18-6, 9と表します．

リノール酸
18-6, 9

炭素数-二重結合炭素の位置番号

　同様にして，オレイン酸はω-6酸，α-リノレン酸はω-3酸と呼ばれることもあります．また，これらを最近，**n-6系**，**n-3系**と呼ぶことが多くなってきました．特にn-3系およびn-6系の不飽和脂肪酸は生体内でエイコサノイド（プロスタグランジンやロイコトリエンなど）の前駆体となりますから，バランスよくこれらを食べていくことが大切です．なお，n-3系であるEPA，DHAは青魚に多量に含まれており，血栓予防効果があります．特にEPAはエイコサノイドの第3グループに属する重要な物質です．

第8章　栄養素と生体成分

中性脂肪は先に述べたようにこれらの脂肪酸がさまざまな組成でグリセロールとエステル結合したもので，アシルグリセロールもしくはグリセリドと呼ばれます．より正確には，グリセロールの炭素の位置番号および，置換している脂肪酸の数を示すモノ（1を表す数詞です），ジ（2を表す数詞です），トリ（3を表す数詞です）を付けて表します．

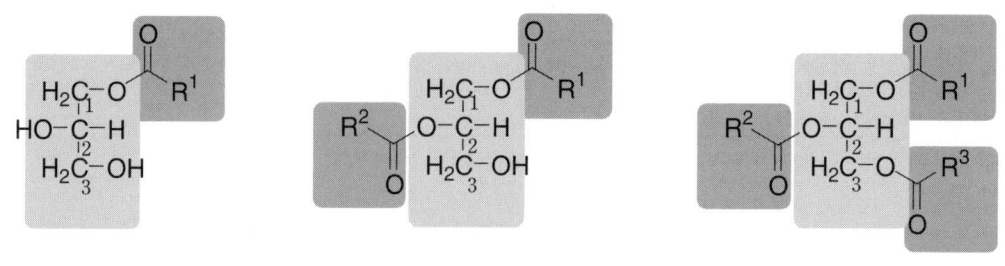

1-モノアシルグリセロール　　　1,2-ジアシルグリセロール　　　1,2,3-トリアシルグリセロール
　　　　　　　　　　　　　　　　　　　　　　　　　　　　　　　（トリグリセリド）

自然界に存在する中性脂肪はほとんどすべてトリアシルグリセロールですが，いろいろな脂肪酸がエステル結合しているので，全体としては混合物になります．たとえばオリーブ油では，グリセロールにエステル結合している脂肪酸の8割がオレイン酸で，残りをリノール酸，パルミチン酸，ステアリン酸などが占めます．3つのエステル結合のどれにどの脂肪酸が結合しているか，たくさんの組合せがありますから，オリーブ油といってもいろいろな中性脂肪の集まりなのです．なお，**2-モノアシルグリセロール**は小腸上皮細胞で吸収される化合物です．ところで，皆さんの中には体脂肪が気になる人が少なからずいると思います．「からだに脂肪が付きにくい」といううたい文句で製品化されている食用油があります．一般の食用油の原料は，トリアシルグリセロールが主成分ですが，わずかながら含まれている成分の1つに，ジアシルグリセロールがあります．「脂肪が付きにくい」食用油にはこのジアシルグリセロールが主として含まれています．これは消化吸収後トリアシルグリセロールを再合成しにくいため，食後の血中の中性脂肪の上昇を抑えることができるのです．

8.2.3 複合脂質 (Conjugated lipids)

グリセロールに脂肪酸だけでなく，**リン酸**や**糖**および**タンパク質**などが結合したものを**複合脂質**といいます．これらは，私たちの身体の中で生体膜を構成する重要な成分であり，物質の選択的な細胞内への取り込みや排泄などの機能をもっています．

(1) リン脂質 (Phospholipids)

リン脂質には，極性の高いリン酸が含まれますが，中性脂肪と同様にグリセロール骨格をもつものを**グリセロリン脂質**，スフィンゴシンを基本骨格とするものを**スフィンゴリン脂質**といいます．グリセロリン脂質には，エノールエーテル結合をもつプラスマローゲンやアルキル基の1つがエーテル結合したアルキルエーテルグリセロリン脂質があります．後者より生合成される代表的化合物として血小板凝集因子 (PAF) があります．

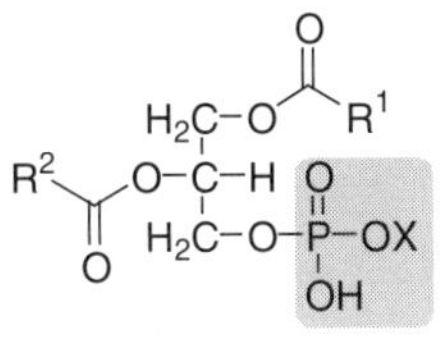

グリセロリン脂質 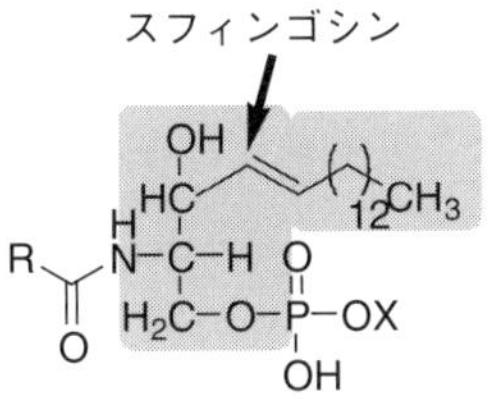　　スフィンゴリン脂質 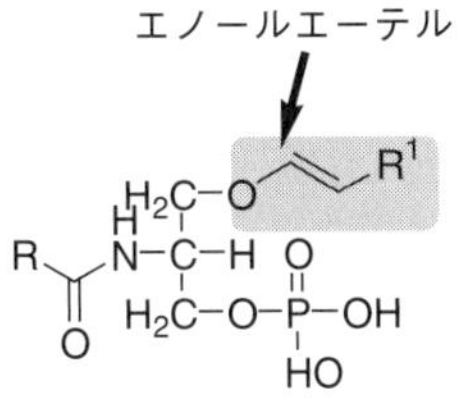　　プラスマローゲン 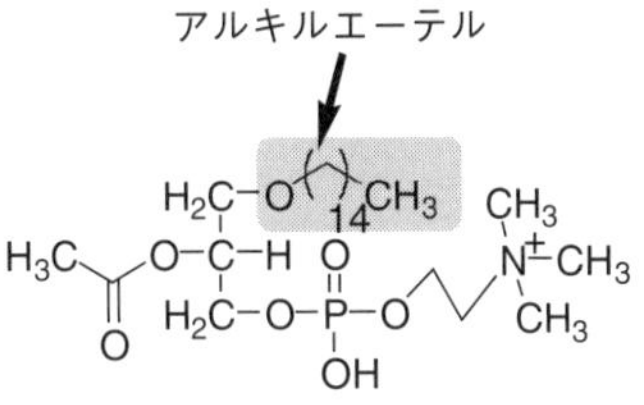　　PAF

（a）グリセロリン脂質（Glycerophospholipids）

　グリセロリン脂質は，グリセロールの1級水酸基の1つがリン酸とエステル結合し，残る1級水酸基および2級水酸基が脂肪酸とエステル結合した構造を基本としています．

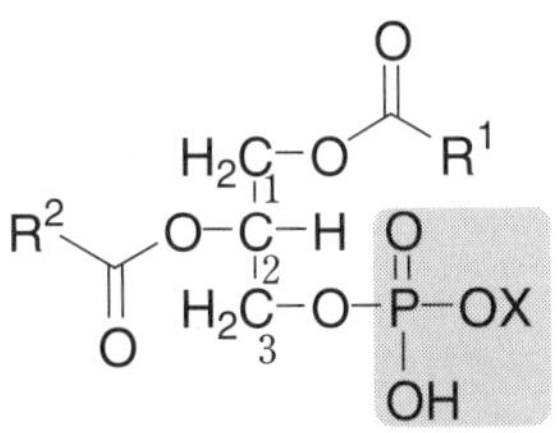

グリセロリン脂質 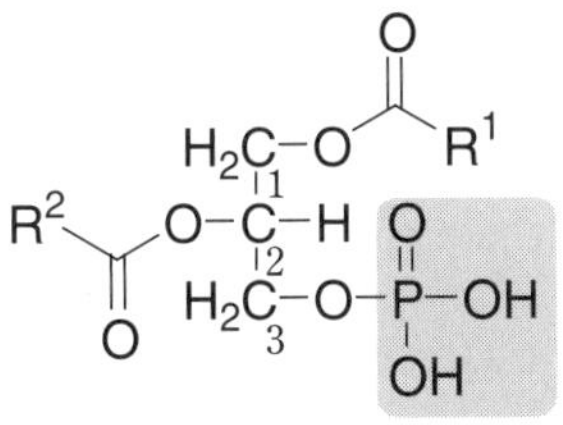　　ホスファチジン酸 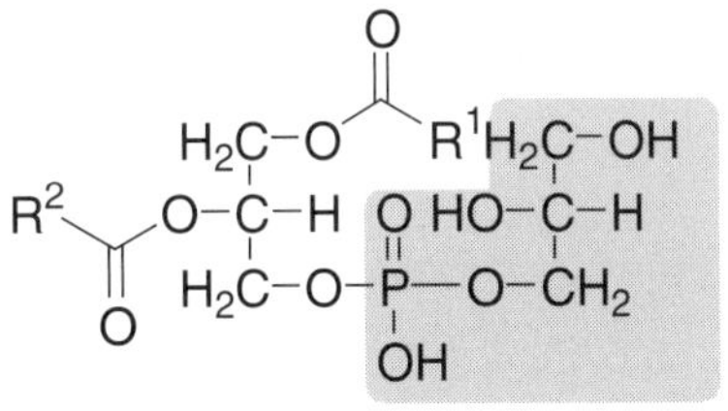　　ホスファチジルグリセロール

　一般的にグリセロールのC1位に飽和脂肪酸，C2位に不飽和脂肪酸，C3位にリン酸が結合し，C2位炭素はキラル（L配置，R）になります．この基本の構造を**ホスファチジン酸**（1,2-ジアシルグリセロール-3-リン酸）といいます．グリセロリン脂質はこのホスファチジン酸のリン酸部分にさらにエステル結合が形成された構造ですので，基本となるホスファチジン酸を**ホスファチジル基**として接頭辞で表して名前を付けます．例えば，リン酸部分にグリセロールが1個結合したものをホスファチジルグリセロールといいます．また，ジホスファチジルグリセロールには**カルジオリピン**という慣用名があります．

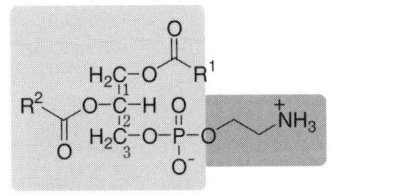

ケファリン（ホスファチジルエタノールアミン） 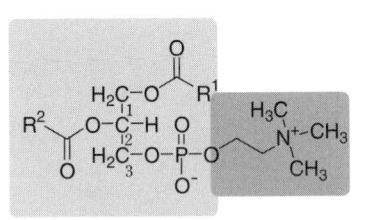　　レシチン（ホスファチジルコリン）

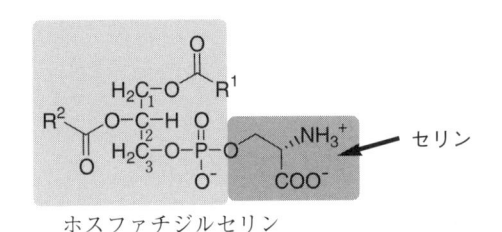

ホスファチジルセリン 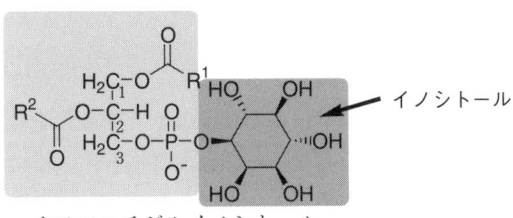　　ホスファチジルイノシトール

　ホスファチジン酸にエタノールアミンがエステル結合したものは，通称**ケファリン**と呼ばれますが，ホスファチジルエタノールアミンになります．また，通称**レシチン**と呼ばれるリン脂質は，エタノールアミンのアミノ基がトリメチル化された構造をもっています．この構造を**コリン**と呼ぶので，ホス

第8章　栄養素と生体成分

ファチジルコリンとなります．その他，セリンがエステル結合したものはホスファチジルセリン，イノシトールがエステル結合したものはホスファチジルイノシトールとなります．さらに1,2位にエステル結合している脂肪酸もホスファチジン酸の置換基として名前を付けると，リン脂質の命名が完成します．

例えば下図に示す化合物はレシチンの一種になりますが，1位にパルミチン酸，2位にオレイン酸，3位のリン酸エステルにはコリンが結合していますので，合わせて**パルミトイルオレオイルホスファチジルコリン**となります．

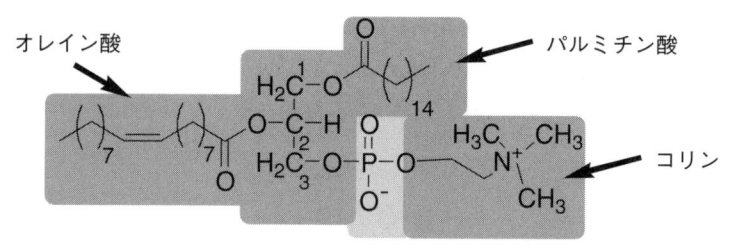

パルミトイルオレオイルホスファチジルコリン

ところで，これらのグリセロリン脂質の構造には電荷がありますね．リン酸は強い酸性を示すので，溶液中では陰イオンの状態にあり，この部分は親水性が高くなります．一方でC1位およびC2位の脂肪酸エステル部分はC14〜C20の長い炭素鎖があるので疎水性が高くなります．このようにリン脂質は親水性と疎水性の両方の性質をもつ両親媒性分子として生体膜を構成するのです．

(b) スフィンゴリン脂質（Phosphosphingosides）

スフィンゴリン脂質はグリセロールの代わりに**スフィンゴシン**を基本骨格としています．スフィンゴシンのアミノ基に脂肪酸がアミド結合したものは**セラミド**と呼ばれ，脳や神経の膜の構成成分として重要です．特に，セラミドの1級水酸基がリン酸エステル化され，このリン酸がさらにコリンと結合した分子を**スフィンゴミエリン**と呼びます．スフィンゴミエリンは神経軸索のミエリン鞘に多く存在します．

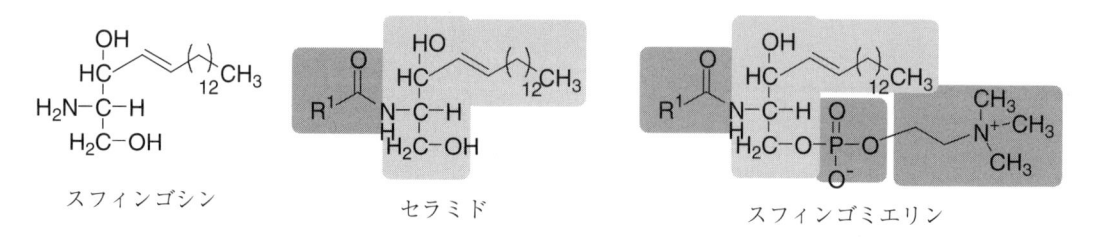

スフィンゴシン　　セラミド　　スフィンゴミエリン

(2) 糖脂質（Glycolipids）

糖脂質はグリセロールまたはセラミドを基本骨格とし，脂肪酸と糖が結合していますが，リン酸を含みません．グリセロールを基本骨格とするものを**グリセロ糖脂質**，セラミドを基本骨格とするものを**スフィンゴ糖脂質**と呼びます．スフィンゴ糖脂質は動物組織の重要な脂質としてとても多くの種類が知られており，糖が1つだけ結合したものを特に**セレブロシド**と呼んでいます．また，糖が多く結合したもの（オリゴ糖といいます）は**ガングリオシド**と呼ばれ，脳の細胞膜に多く存在します．これら糖脂質も基本骨格であるグリセロールやセラミドに置換基が結合したものとして名前が付けられます．

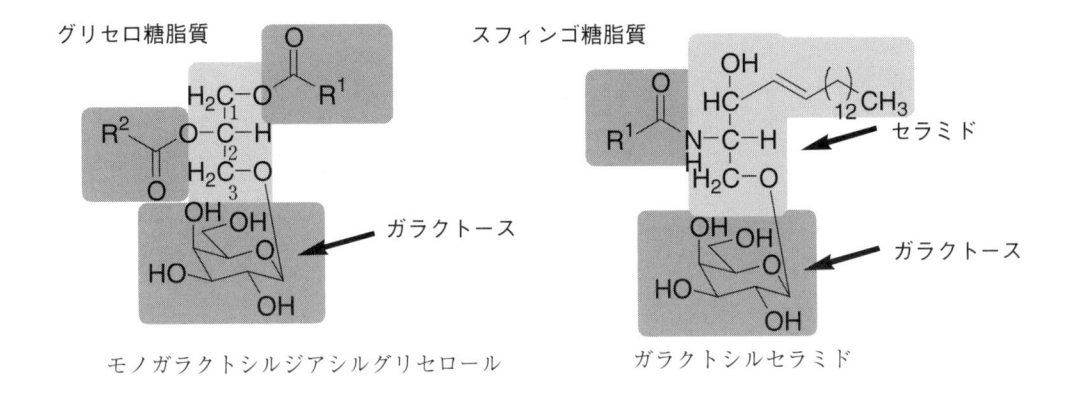

グリセロ糖脂質／スフィンゴ糖脂質

モノガラクトシルジアシルグリセロール　ガラクトシルセラミド

8.3 アミノ酸とタンパク質

8.3.1 アミノ酸からペプチド，そしてタンパク質へ

次にタンパク質の名前を学びましょう．タンパク質は分子量が6000から4000万にも及ぶ巨大な生体成分です．酵素やホルモン，抗体などもすべてタンパク質でできています．タンパク質の構成単位は**アミノ酸**です．アミノ酸＝アミノ($-NH_2$)＋酸($-COOH$)ですから，1分子のアミノ酸のアミノ基ともう1分子のアミノ酸のカルボキシ基の間で脱水して酸アミド結合（ペプチド結合）を形成することができます．このようにしてアミノ酸がつながった構造が**ペプチド**で，2つつながったものを**ジペプチド**，3つつながったものを**トリペプチド**と呼びます．

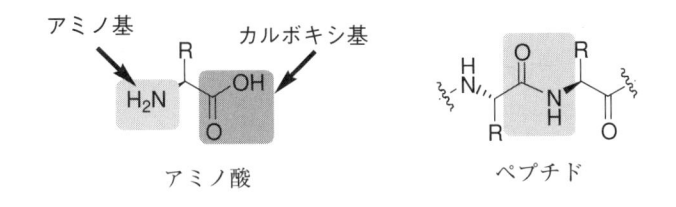

一般に，アミノ酸が10個以下つながったものを**オリゴペプチド**，それ以上を**ポリペプチド**とグループ分けしますが，もっと数が増えて約50個以上アミノ酸がつながったものを**タンパク質**と呼んでいます．タンパク質を構成するアミノ酸は約20種類あります．それぞれの構造と名前を理解することから始めましょう．

（1）アミノ酸

天然に存在するアミノ酸のほとんどは α-アミノ酸（カルボニル基の隣＝α位にアミノ基がある）ですが，生体内には β-アミノ酸や γ-アミノ酸も存在しています．例えば，γ-アミノ酸である γ-アミノ酪酸（GABA）は神経伝達物質として働いています．

第8章　栄養素と生体成分

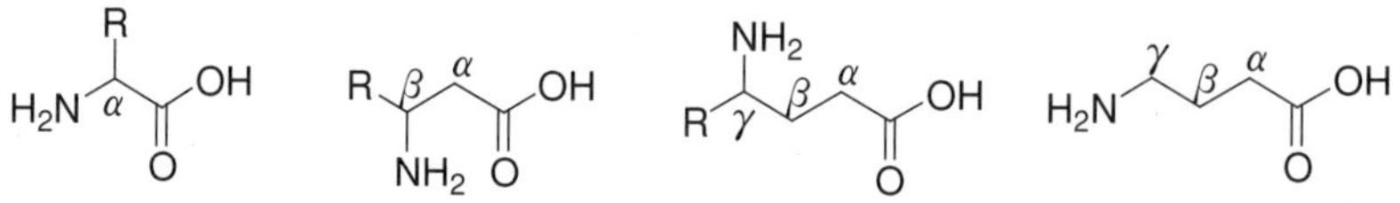

| | α-アミノ酸 | β-アミノ酸 | γ-アミノ酸 | γ-アミノ酪酸 (GABA) |

α-アミノ酸はグリシン以外すべて α 位の炭素が**不斉炭素原子**になり，旋光性をもちます．したがって2つの鏡像異性体が存在するはずですが，天然のタンパク質を構成する α-アミノ酸はすべて L-グリセルアルデヒドと同じ立体配置で，逆の立体配置のものはありません．したがって，立体化学の表記のためには，D/L 表記法を用い，**L-アミノ酸**と表します．これを Fischer 投影式では，糖の立体化学の表記と同じように -COOH を上に置き，-NH₂ を左に置いて表します．天然の糖はほとんどが D-糖で，アミノ酸は L-アミノ酸になるなんて面白いですね．ちなみに，R/S 表記法では，優先順位の関係からシステインのみが R 配置で，他はすべて S 配置になります．

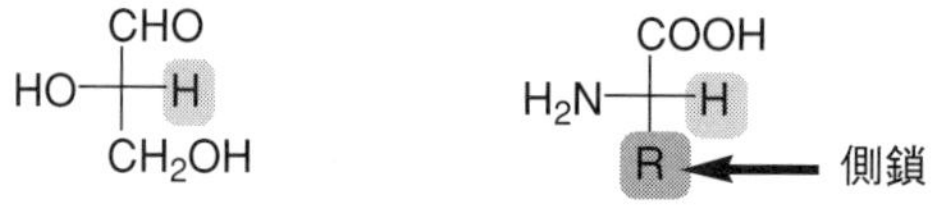

L-グリセルアルデヒド　　　L-アミノ酸

タンパク質を構成する約20種類のアミノ酸では，α 位の炭素に結合した置換基（側鎖といいます）が異なっています．この側鎖の性質の違いによって**中性アミノ酸**，**酸性アミノ酸**，**塩基性アミノ酸**に分類されます．これらのアミノ酸の慣用名，IUPAC 名および化学構造と記号を以下に示します．私たち人間は，これらのうち12種をからだの中でつくることができますが，＊印のついた残りの8種類は食べ物から取り入れなくてはいけません．そこでこれらの8種類を**必須アミノ酸**と呼んでいます．

	慣用名	IUPAC 名	構造	3文字記号（1文字記号）
中性アミノ酸	グリシン glycine	aminoethanoic acid	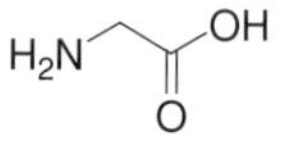	Gly (G)
	アラニン* alanine	(2S)-2-aminopropanoic acid	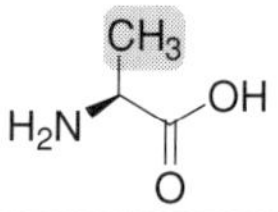	Ala (A)
	バリン* valine	(2S)-2-amino-3-methyl butanoic acid	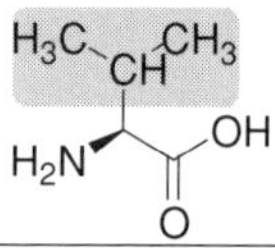	Val (V)
	ロイシン* leucine	(2S)-2-amino-4-methyl pentanoic acid	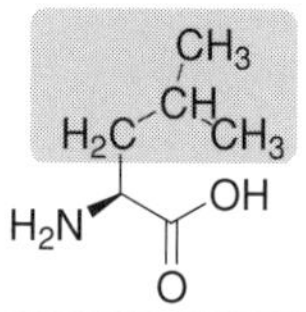	Leu (L)

	慣用名	IUPAC 名	構 造	3文字記号 (1文字記号)
中性アミノ酸	イソロイシン* isoleucine	(2S, 3S)-2-amino-3-methyl pentanoic acid	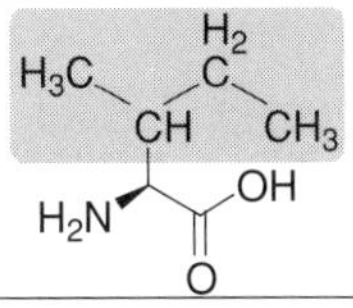	Ile (I)
	フェニルアラニン* phenylalanine	(2S)-2-amino-3-phenyl propanoic acid	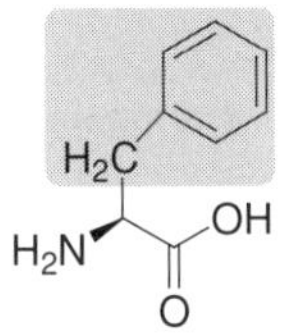	Phe (F)
	アスパラギン asparagine	(2S)-2-amino-3-carbamoyl propanoic acid	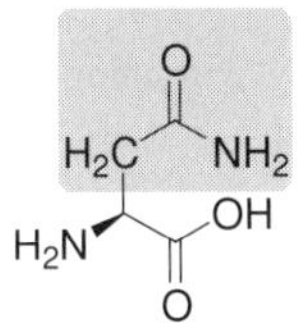	Asn (N)
	グルタミン glutamine	(2S)-2-amino-4-carbamoyl butanoic acid	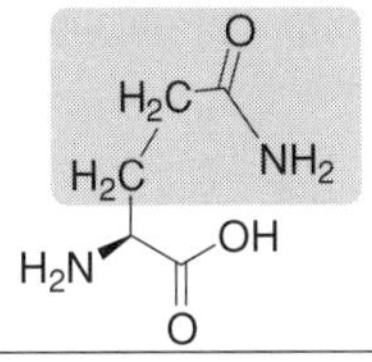	Gln (Q)
	トリプトファン* tryptophan	(2S)-2-amino-3-(1H-indol-3-yl)propanoic acid	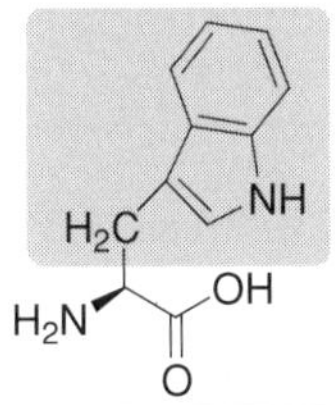	Trp (W)
	プロリン proline	(2S)-pyrrolidine-2-carboxylic acid	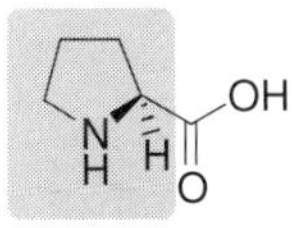	Pro (P)
	セリン serine	(2S)-2-amino-3-hydroxy propanoic acid	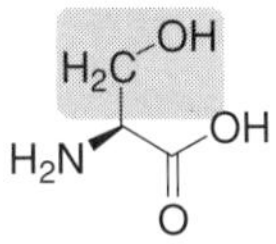	Ser (S)
	トレオニン* threonine	(2S)-2-amino-3-hydroxy butanoic acid	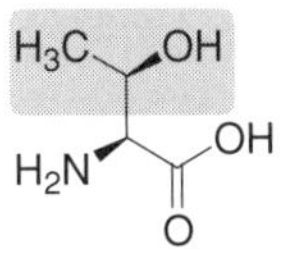	Thr (T)
	チロシン tyrosine	(2S)-2-amino-3-(4-hydroxy phenyl)propanoic acid	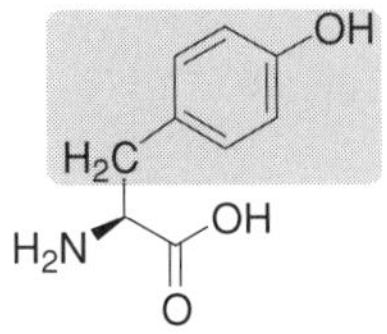	Tyr (Y)
	システイン cysteine	(2R)-2-amino-3-sulfanyl propanoic acid	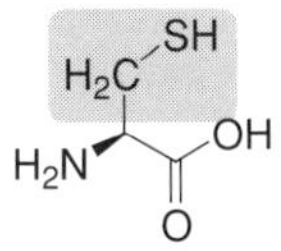	Cys (C)

第8章 栄養素と生体成分

	慣用名	IUPAC 名	構造	3文字記号 (1文字記号)
中性アミノ酸	メチオニン* methionine	(2S)-2-amino-4-(methyl sulfanyl) butanoic acid		Met（M）
酸性アミノ酸	アスパラギン酸 aspartic acid	(2S)-2-aminobutanedioic acid		Asp（D）
	グルタミン酸 glutamic acid	(2S)-2-aminopentanedioic acid		Glu（E）
塩基性アミノ酸	リジン lysine	(2S)-2,6-diaminohexanoic acid		Lys（K）
	アルギニン arginine	(2S)-2-amino-5-guanidino pentanoic acid		Arg（R）
	ヒスチジン histidine	(2S)-2-amino-3-(1H-imidazol-4-yl)propanoic acid		His（H）

(2) ペプチド

　アミノ酸がアミド結合（ペプチド結合）によってつながったものを**ペプチド**と呼び，そのペプチドに含まれる1つ1つのアミノ酸を**残基**と呼びます．アミノ酸の両末端にはアミノ基とカルボキシ基がありますから，アミノ酸の数が増えてペプチドがどんなに長くなっても両末端には必ずアミノ基とカルボキシ基があります．この**アミノ基側の末端をN末端，カルボキシ基側の末端をC末端**と呼びます．そして，C末端をもつアミノ酸を**C末端アミノ酸**，N末端をもつアミノ酸を**N末端アミノ酸**と呼びます．一般にペプチドの構造を示すときには，N末端を左側に，C末端を右側にして書き，N末端アミノ酸残基から結合順にC末端アミノ酸残基へと読んでいきます．このとき，C末端アミノ酸以外はアミノ酸残基として呼ぶので，アミノ酸の名称の語尾の **-ine** を **-yl** に置き換えることに注意してください*．

---

* 例外として，6つのアミノ酸は語尾を以下のようにします．

　cysteine → cysteinyl，tryptophan → tryptophyl，asparagine → asparaginyl，glutamine → glutaminyl，aspartic acid → aspartyl，glutamic acid → glutamyl

　例えば，グリシンとアラニンをつなげたペプチドは2種類ありますが，グリシンがC末端側のものは**アラニルグリシン**，アラニンがC末端側のものは**グリシルアラニン**となります．

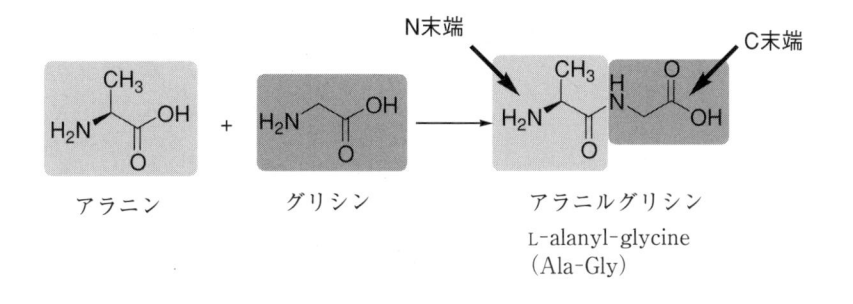

アラニン ＋ グリシン → アラニルグリシン
L-alanyl-glycine
(Ala-Gly)

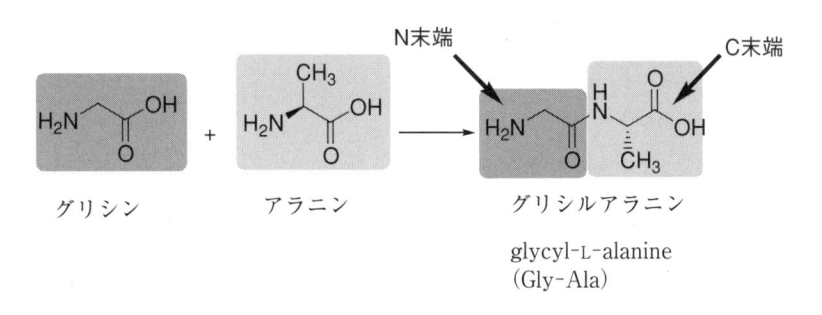

グリシン ＋ アラニン → グリシルアラニン
glycyl-L-alanine
(Gly-Ala)

　ペプチドにはN末端やC末端が誘導体化されている場合もあります．人工甘味料として有名なアスパルテームを例としてあげておきます．アスパルテームはジペプチドですが，C末端がメチルエステル化されているため，L-aspartyl-L-phenylalanine methyl ester となります．アスパルテームは汎用されていますが，フェニルケトン尿症（PKU）の患者には使用してはいけません．その理由は彼らにはアスパルテームが分解されてできるフェニルアラニンを代謝する酵素がないからです．これもちょっとした豆知識として憶えておいてください．

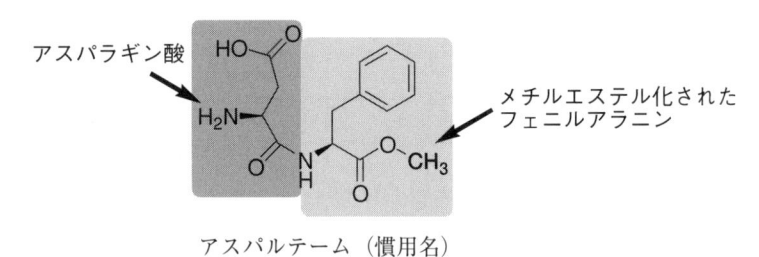

アスパルテーム（慣用名）
L-aspartyl-L-phenylalanine methyl ester （IUPAC命名法）

　その他，カルノシン（β-アラニン-ヒスチジン），アンセリン（β-アラニン-N-メチルヒスチジン），ホモセリンなど，魚肉に多く含まれているジペプチドがあります．また，トリペプチドには生体内の酸化還元反応や異物代謝におけるグルタチオン抱合に関与するグルタチオン（グルタミン酸-システイン-グリシン）があります．

第8章　栄養素と生体成分

β-アラニン / ヒスチジン

カルノシン

β-アラニン / N-メチル化されたヒスチジン

アンセリン

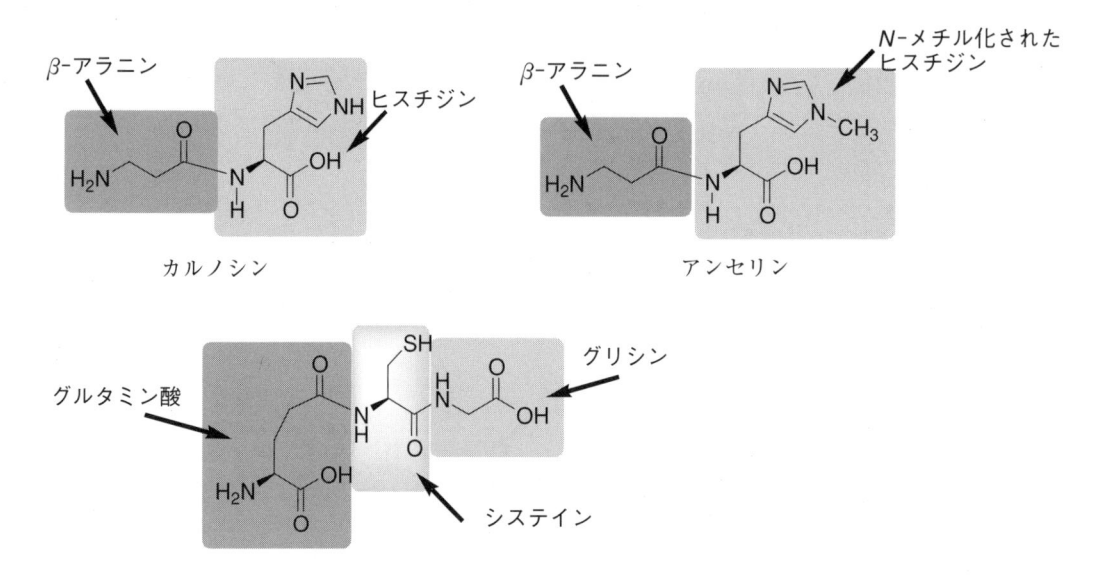

グルタミン酸 / システイン / グリシン

グルタチオン

　もっとたくさんのアミノ酸がつながったペプチドの場合は，アミノ酸残基の名前を記号で表すと便利です．一般には三文字記号を使いますが，一文字記号も用いられます．例えば，ペプチドホルモンとして有名な**バソプレッシン**や**オキシトシン**はアミノ酸が9個連なったノナペプチドです．抗利尿作用をもつバソプレッシンと子宮収縮作用をもつオキシトシンの構造はとてもよく似ており，C末端から数えて3番目と8番目のアミノ酸が異なるだけです．両方の構造を以下に示します．C末端に-NH₂とあるのは，C末端アミノ酸であるグリシンのカルボキシ基がアミド化された構造であることを示しています．また，ペプチド鎖だけでなく，ジスルフィド結合も形成され，環状構造になっていることに注目してください．このように2つのシステイン残基に含まれるSH基が酸化的に結合し，ジスルフィド結合を形成することはよくあります．別のペプチド鎖との間でジスルフィド結合を形成することもあり，ペプチドの複雑な構造を生み出す要因の1つになっています．

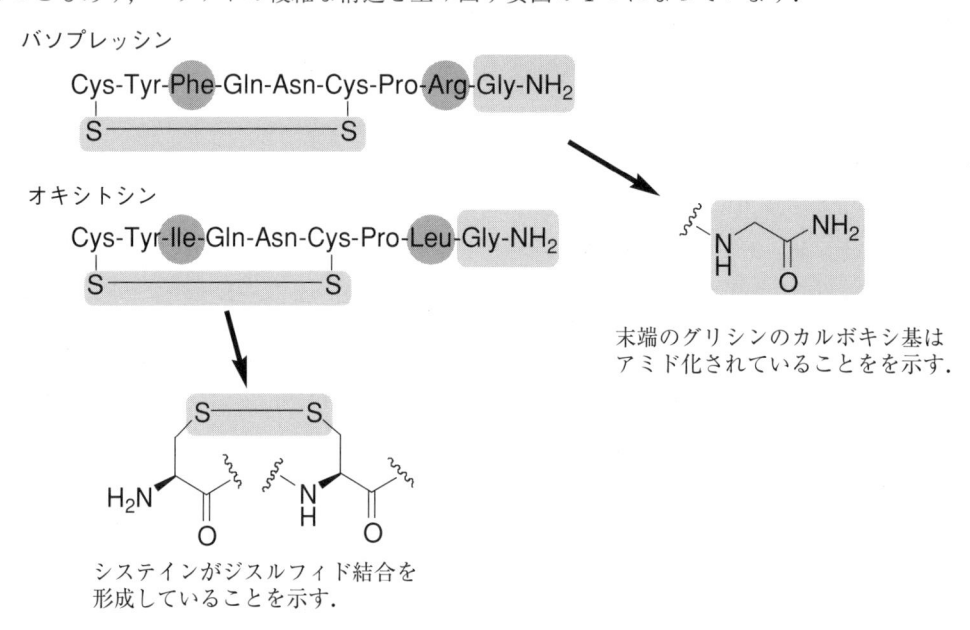

バソプレッシン
Cys-Tyr-Phe-Gln-Asn-Cys-Pro-Arg-Gly-NH₂

オキシトシン
Cys-Tyr-Ile-Gln-Asn-Cys-Pro-Leu-Gly-NH₂

末端のグリシンのカルボキシ基はアミド化されていることをを示す．

システインがジスルフィド結合を形成していることを示す．

第8章　栄養素と生体成分

この他に内在性オピオイドペプチドである**エンドルフィン類**もよく知られています．これは脳内モルヒネとも呼ばれており，鎮痛作用を示すモルヒネと同じ働きをします．エンドルフィン類にはいくつか種類がありますが，N末端アミノ酸残基にL-チロシンをもっていることは共通しています．

エンドルフィン類

Tyr-Gly-Gly-Phe-Met
メチオニンエンケファリン

Tyr-Gly-Gly-Phe-Leu
ロイシンエンケファリン

（3）タンパク質

タンパク質は非常に多くのアミノ酸（約50個以上）がアミド結合（ペプチド結合）で連なったものです．とても長いペプチド鎖になりますので，実際にはただ1本の鎖が伸びているわけではなく，複雑な立体構造をもっており，**一次構造**，**二次構造**，**三次構造**，**四次構造**があります．

一次構造は，アミノ酸がどのような順序で連なっているか，アミノ酸残基の配列をペプチドのように略号で表し，N末端アミノ酸残基から結合順にC末端アミノ酸残基へと続いていきます．一次構造はいわばタンパク質の設計図ですが，これではタンパク質の立体的な形は容易にはわかりません．

二次構造以上の高次構造では，立体的な構造が示されます．二次構造では，ペプチド鎖に含まれるアミノ酸残基のもつ官能基が水素結合してできる立体的な構造が表され，α-ヘリックス構造（右回りのらせん構造），β-シート構造（プリーツシート構造）があります．三次構造は，二次構造をもったタンパク質が水素結合，ジスルフィド結合などによってさらに複雑に結合したタンパク質全体の構造がわかります．四次構造になると，異なるタンパク質同士が会合した巨大な構造になります．

命名法に関する問題

以下にこれまで述べてきました命名法の基本的な問題および過去に出題された薬剤師国家試験問題を載せておきますので，練習してみて下さい．

問 1 次の日本薬局方医薬品（a～d）の IUPAC 規則名の正誤について，正しいものの組合せはどれか（国試第 86 回）．

	構造式	化学名
a	H₂NCH₂－（シクロヘキサン）－CO₂H (trans)	*trans*-4-(aminomethyl)cyclohexane-carboxylic acid
b	4-Cl-C₆H₄-CH(CH₂NH₂)CH₂CO₂H	(±)-4-amino-3-(4-chlorophenyl)-butyric acid
c	H₃C-CO-NH-C₆H₄-OCH₂CH₃	(4-acetylamino)phenoxyethane
d	H₃CSCH₂CH₂-CH(NH₂)-CO₂H	(*S*)-2-carboxy-4-(methylthio)-propylamine

1 (a, b)　　**2** (a, c)　　**3** (a, d)　　**4** (b, c)　　**5** (b, d)　　**6** (c, d)

正解　1

問 2 日本薬局方収載メトロニダゾールの化学名は 2-(2-methyl-5-nitro-1-imidazolyl) ethanol である．正しい構造はどれか．

1　5-メチル-2-ニトロイミダゾール-1-CH₂CH₂OH
2　5-ニトロ-2-メチルピロール-1-CH₂CH₂OH
3　5-ニトロ-2-メチルイミダゾール-1-CH₂CH₂OH
4　5-ニトロ-2-メチルイミダゾール-1-CH(CH₃)OH
5　2-メチル-5-ニトロピロール-1-CH₂CH₂OH（※CH₃CH₂OH置換位置）
6　5-メチル-2-ニトロイミダゾール-1-CH(CH₃)OH

正解　3

問 3 日本薬局方収載医薬品 a ～ e の IUPAC 規則名の正誤について，正しい組合せはどれか（第

83回).

a 2-acetoxybenzoic acid
b N-(4-hydroxyphenyl)acetamide
c 2-(4-isobutylphenyl)acetic acid
d 2-(aminocarboxy)phenyl ethyl ether
e 2-chloro-1,1,2-trifluoroethyl difluoromethyl ether

	a	b	c	d	e
1	誤	誤	正	正	誤
2	誤	正	誤	正	正
3	正	誤	正	誤	誤
4	正	正	誤	誤	正
5	誤	誤	正	誤	正

正解 4

問4 日本薬局方収載医薬品，酢酸レチノール（ビタミンA酢酸エステル）の正しい化学名はどれか（国試第84回）.

1 (2Z, 4E, 6Z, 8E)-3,7-dimethyl-9-(2,6,6-trimethyl-1-cyclohexen-1-yl)-2,4,6,8-nonatetraen-1-yl acetate
2 (2E, 4Z, 6E, 8Z)-3,7-dimethyl-9-(2,6,6-trimethyl-1-cyclohexen-1-yl)-2,4,6,8-nonatetraen-1-yl acetate
3 (2E, 4E, 6E, 8E)-3,7-dimethyl-9-(2,6,6-trimethyl-1-cyclohexen-1-yl)-2,4,6,8-nonatetraen-1-yl acetate
4 (1Z, 3E, 5Z, 7E)-3,7-dimethyl-1-(2,6,6-trimethyl-1-cyclohexen-1-yl)-1,3,5,7-nonatetraen-9-yl acetate
5 (1E, 3Z, 5E, 7Z)-3,7-dimethyl-1-(2,6,6-trimethyl-1-cyclohexen-1-yl)-1,3,5,7-nonatetraen-9-yl acetate
6 (1E, 3E, 5E, 7E)-3,7-dimethyl-1-(2,6,6-trimethyl-1-cyclohexen-1-yl)-1,3,5,7-nonatetraen-9-yl acetate

正解 3

問5 次の構造は，医薬品に含まれる基本骨格である．その構造と名称の正しい組合せはどれか（国試第86回）．

	a	b	c	d	e
1	ヒダントイン	インドール	キノリン	ピリミジン	バルビツール酸
2	バルビツール酸	ピリミジン	キノリン	インドール	ヒダントイン
3	ヒダントイン	ピリミジン	インドール	キノリン	バルビツール酸
4	バルビツール酸	ヒダントイン	インドール	キノリン	ピリミジン
5	バルビツール酸	キノリン	ピリミジン	インドール	ヒダントイン

正解 2

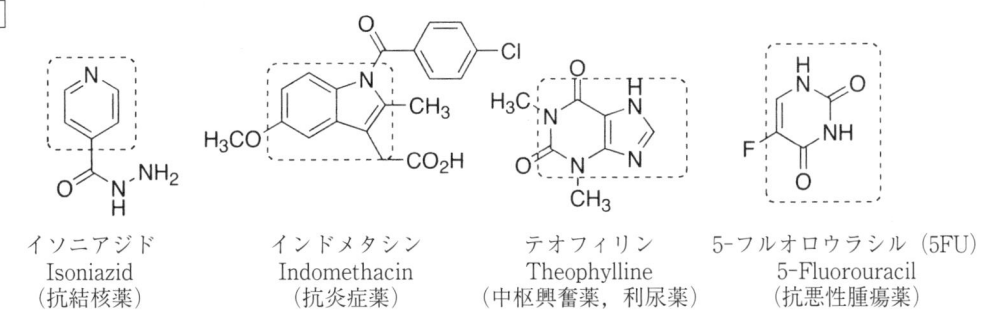

[解説] a. 催眠・鎮静薬バルビタールなどのバルビツール酸系医薬品の基本骨格.
b. ビタミンB₁（チアミン塩化物塩酸塩）などに含まれる骨格.
c. 抗マラリア薬であるキニーネ塩酸塩水和物に含まれる骨格.
d. 抗炎症薬インドメタシン（前出）や抗高血圧薬レセルピンに含まれる骨格.
e. 抗てんかん薬であるフェニトインに含まれる骨格.

バルビタール

チアミン塩化物塩酸塩

キニーネ塩酸塩水和物

レセルピン

フェニトイン

問6 次の医薬品およびその構造に含まれる骨格の名称の組合せのうち，正しいものはどれか（国試第81回）．

	イソニアジド	インドメタシン	テオフィリン	フルオロウラシル
1	indole	purine	pyrimidine	pyridine
2	purine	indole	pyridine	pyrimidine
3	pyridine	indole	purine	pyrimidine
4	indole	pyrimidine	purine	pyridine
5	pyridine	pyrimidine	indole	purine

[正解] 3

[解説]

イソニアジド
Isoniazid
（抗結核薬）

インドメタシン
Indomethacin
（抗炎症薬）

テオフィリン
Theophylline
（中枢興奮薬，利尿薬）

5-フルオロウラシル（5FU）
5-Fluorouracil
（抗悪性腫瘍薬）

問7 次の構造は，医薬品に含まれる基本骨格である．その構造と名称の正しい組合せはどれか（国試第88回）．

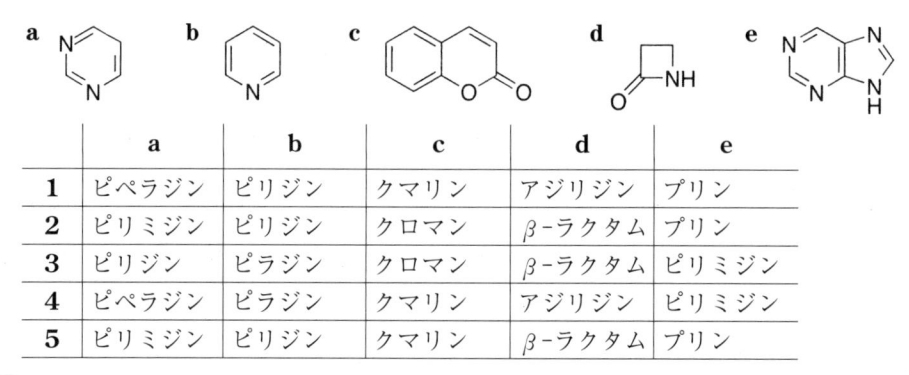

	a	b	c	d	e
1	ピペラジン	ピリジン	クマリン	アジリジン	プリン
2	ピリミジン	ピリジン	クロマン	β-ラクタム	プリン
3	ピリジン	ピラジン	クロマン	β-ラクタム	ピリミジン
4	ピペラジン	ピラジン	クマリン	アジリジン	ピリミジン
5	ピリミジン	ピリジン	クマリン	β-ラクタム	プリン

正解 5

解説
a. 問5の解説bを参照．
b. ビタミンB₆や抗結核薬であるイソニアジド（前出）の基本骨格．
c. 抗凝血薬であるワルファリンに含まれる骨格．
d. ペニシリン系などの抗生物質に含まれる特徴的な骨格．
e. アデニンやグアニンなどの核酸塩基およびプリンアルカロイドの一種であるテオフィリンなどの基本骨格．他に問題2も参照．

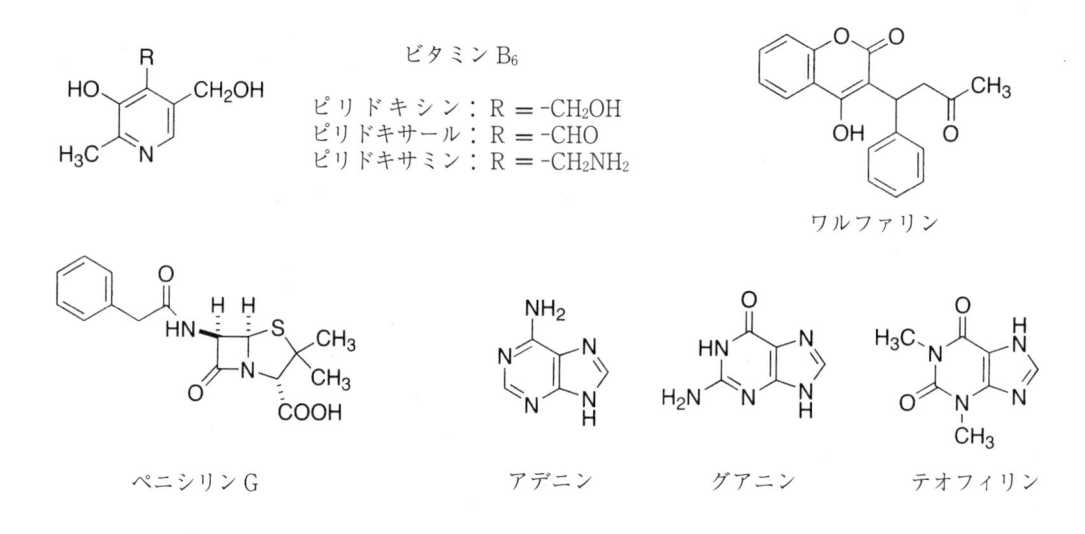

ビタミンB₆
ピリドキシン：R = -CH₂OH
ピリドキサール：R = -CHO
ピリドキサミン：R = -CH₂NH₂

ワルファリン

ペニシリンG　　アデニン　　グアニン　　テオフィリン

問8 日本薬局方エピネフリンの構造式は次のどれか．エピネフリンの化学名は (1R)-1-(3,4-dihydroxyphenyl)-2-(methylamino)ethanol であり，アドレナリンはその別名である（国試第78回）．

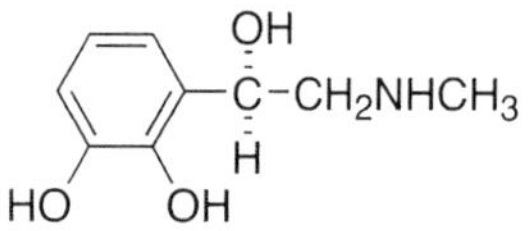

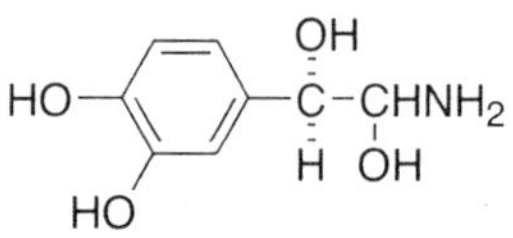

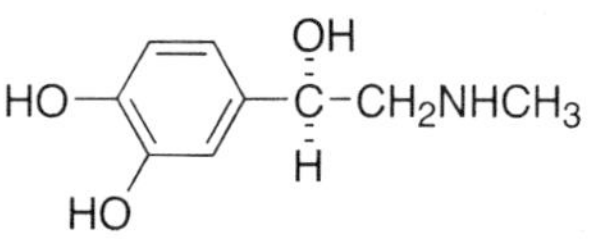

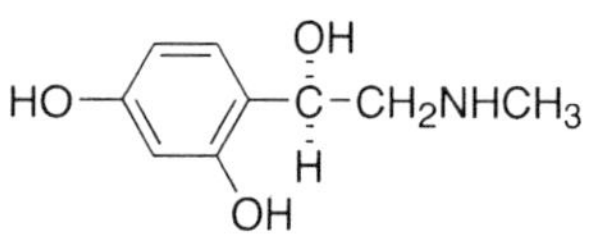

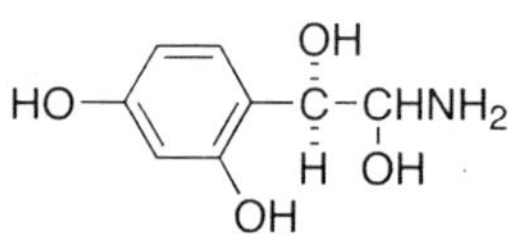

[正解] 3

[解説] 化学名より，主鎖は ethanol であることがわかります．

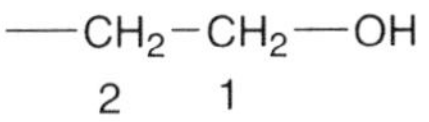

$$-CH_2-CH_2-OH$$
$$\quad\;\; 2 \quad\; 1$$

主鎖に付いている置換基は2つあり，1つは1位に 3,4-dihydroxyphenyl 基が，もう1つは2位に methylamino 基が付いています．

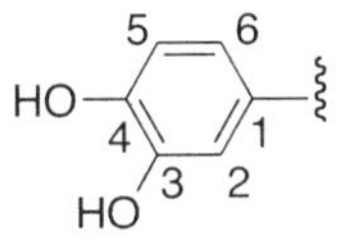

3,4-dihydroxyphenyl 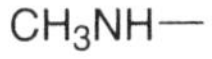   methylamino

したがって，

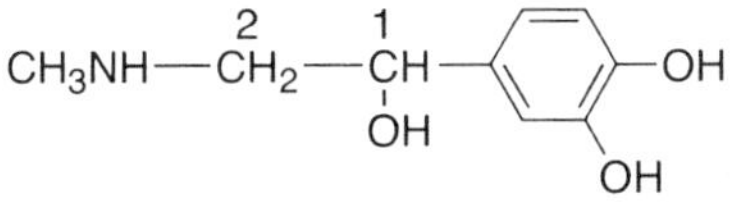

となり，これに該当するのは構造式3ということになります．ところで，1位の絶対配置は R となっていますが，検証してみましょう．

最も優先順位の低いのは水素原子ですから一番奥に置いて眺めます．すると優先順位は図のようになり，時計回りとなるので R 配置となり，正しいことが確認されました．

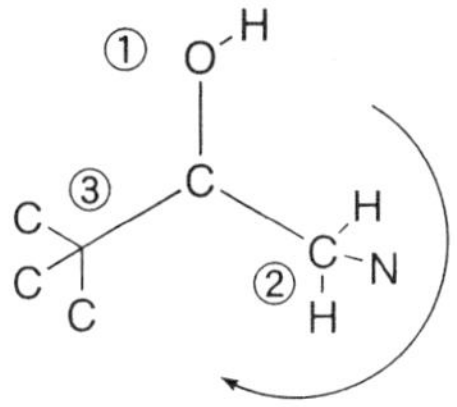

問9 Fischer の投影式で示した下記アミノ酸について，化合物の正しい組合せはどれか（国試第81回）．

a (S)-2-amino-3-hydroxypropionic acid
b (R)-2-amino-3-hydroxypropionic acid
c (S)-2-amino-3-mercaptopropionic acid
d (R)-2-amino-3-mercaptopropionic acid

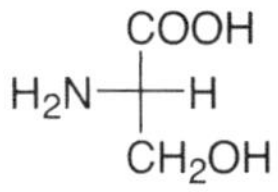

	L-serine	L-cysteine
1	a	c
2	a	d
3	b	c
4	b	d
5	c	a
6	c	b
7	d	a
8	d	b

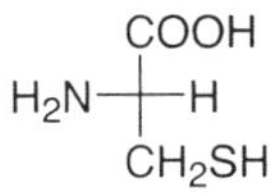

L-serine   L-cysteine

命名法に関する問題   97

正解 2

解説 これは Fischer 投影式で表されている化合物の絶対配置（*R/S*）を決める問題です．両アミノ酸とも Fischer 投影式で表示されているので *R*, *S* を決めるためには立体がわかるように破線-くさび形表記法等に書き直す必要があります（もちろん，立体的なイメージを頭に描けるひとはよいですが）．

L-serine の場合，不斉炭素原子に結合している置換基の優先順は $H_2N > COOH > CH_2OH$ となり反時計回りとなるので，*S* 配置ということになります．一方，L-cysteine では優先順が $H_2N > CH_2SH > COOH$ となり時計回りになるので，*R* 配置になります．ここで -OH と -SH で優先順が逆になっていることに注意してください．

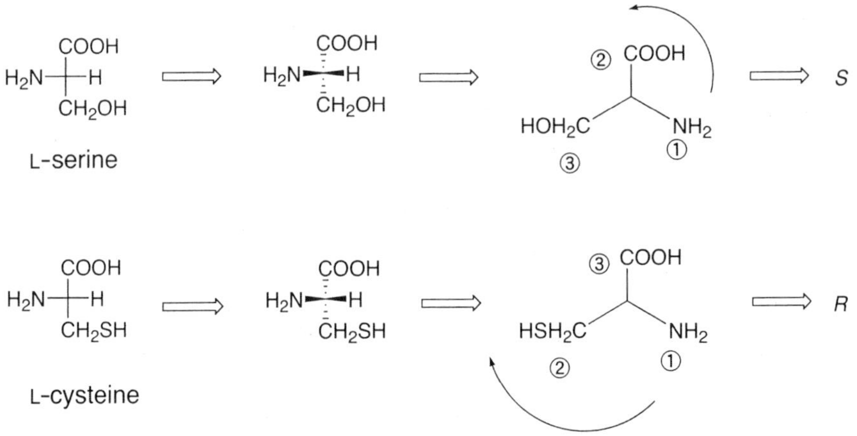

問 10 医薬品として用いられているエフェドリンの化学名は (1*R*, 2*S*)-2-methylamino-1-phenyl-1-propanol である．Newman 投影式で示す次の 4 種の立体異性体のうち該当するものはどれか．ただし，フェニル基は Ph で表してある（国試第 85 回）．

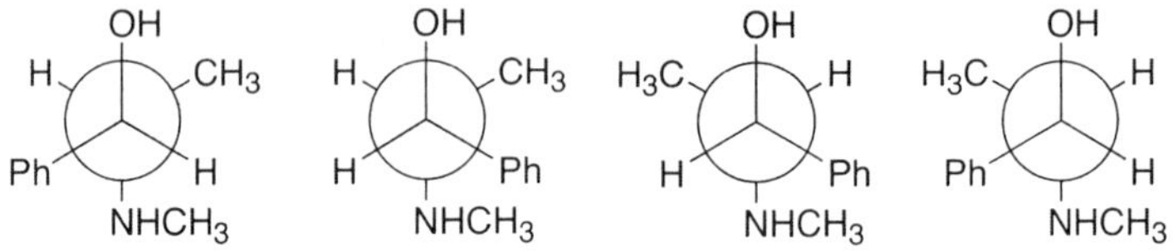

正解 3

解説 これは Newman 投影式から絶対配置（*R*, *S*）を決める問題です．まず，Newman 投影式について説明しましょう．1つの結合に関する立体配座を二次元（平面的）で表示するための投影式で，その結合軸に沿ってみて，手前の原子を点で，後方の原子を円で表し，各炭素原子から出ている結合を紙面に投影します．エタン誘導体 abcC-Cdef を図に示すと，手前の炭素原子に a, b, c が，後方の炭素原子に d, e, f が付いていることを示しています．

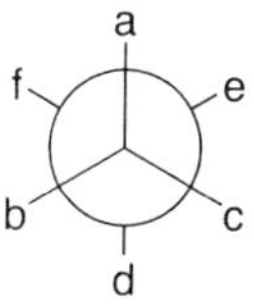

まず，与えられた化学名から平面構造を書きましょう．主鎖は 1-propanol で 1 位に phenyl 基，2 位に methylamino 基が付いています．したがって構造は，

$$\underset{3}{CH_3}-\underset{2}{\underset{|}{CH}}-\underset{1}{\underset{|}{CH}}-OH$$
$$\overset{|}{NHCH_3}\overset{|}{Ph}$$

となります．

よって，Newman 投影式 **1**，**2**，**3**，**4** において手前の炭素が 1 位，後ろの炭素が 2 位となり，それぞれを立体化学がわかるように破線-くさび形表記法等に書き直しますと下図のようになります．

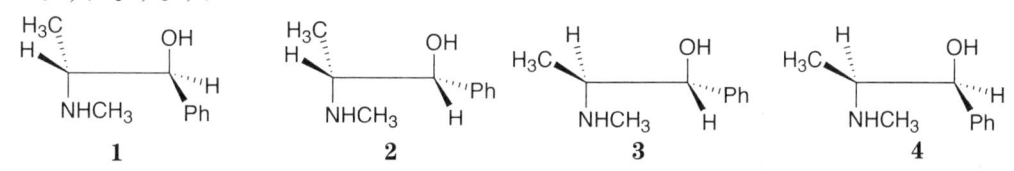

1 位の炭素に結合している置換基の優先順位は OH > 2 位の炭素 > Ph > H となるので，**1**〜**4** の 1 位の *R*, *S* は，**1**：*S*；**2**：*R*；**3**：*R*；**4**：*S* になります．一方，2 位の炭素においては，**1**：*R*；**2**：*R*；**3**：*S*；**4**：*S* となります．よって 1 位が *R* で 2 位が *S* となるのは **3** ということになります．

問 11 次のアルコールの構造式を書きなさい．
  a 2-ブタノール   **b** シクロブタノール   **c** 1-ペンタノール
  d 1-メチルシクロペンタノール   **e** 2-プロパノール   **f** 2-フェニルエタノール
  g 1-フェニルエタノール   **h** シクロヘキサノール
  i シクロヘキシルフェニルメタノール   **j** 1,1-ジフェニルエタノール

正解

命名法に関する問題

問 12 次の化合物を命名しなさい．

a. ～～CHO b. CH₂=CHCH₂COCH₂COCH₂CH₃

c. (CH₃)₂C=CHCH₂CH₂COCH₃ d. C₂H₅COC₂H₅ e. シクロヘキサノン構造

正解
- a. hex-2-enal
- b. oct-7-ene-3,5-dione
- c. 6-methylhept-5-en-2-one
- d. pentan-3-one または diethyl ketone
- e. cyclohexanone

問 13 次の化合物の構造式を記しなさい．
- a ナフタレン 2-ヘキサン酸
- b ヘキサン酸
- c ナフタレン 2-カルボン酸
- d ヒドロキシエタン酸（グリコール酸）
- e ピルビン酸

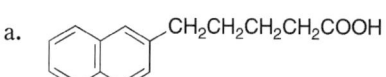

正解
- a. ナフチル-CH₂CH₂CH₂CH₂COOH
- b. CH₃CH₂CH₂CH₂CH₂COOH
- c. ナフチル-COOH
- d. HOCH₂COOH
- e. CH₃COCOOH

問 14 次の化合物を命名しなさい．

a. H₂C=C(−CH₂CH₂CH₂CH₂CH₃)−CH=CH−COOH

b. シクロヘキサン-COOH

c. C₂H₅OOC-CH₂-COOCH₃

d. H₂N-CO-CH₂-CH₂-CO-NH₂

e. 1-ナフトエ酸の4位に NH-CO-CH₃

正解
- a. 4-pentyl-2,4-pentadienoic acid
- b. cyclohexanecarboxylic acid
- c. ethyl methyl malonate
- d. succinamide
- e. 4-acetamido-1-naphthoic acid または 4-acetylamino-1-naphthoic acid

問 15 D-(−)-リボースと D-(+)-グルコースの IUPAC 名を書きなさい（各立体中心の立体配置を R/S 表示すること）．

[正解] ⅰ) D-(−)-リボース：(2R,3S,4R)-2,3,4,5-テトラヒドロキシペンタナール
　　　　ⅱ) D-(+)-グルコース：(2R,3S,4R,5R)-2,3,4,5-ペンタヒドロキシヘキサナール

```
      ¹CHO              ¹CHO
    H-²C-OH          H-²C-OH
   HO-³C-OH         HO-³C-H
    H-⁴C-OH          H-⁴C-OH
      ⁵CH₂OH         H-⁵C-OH
                       ⁶CH₂OH
   D-(−)-リボース     D-(+)-グルコース
```

問 16 次の化合物の慣用名と IUPAC 名を書きなさい．
　　a ショ糖（スクロース）　　b 乳糖（ラクトース）　　c 麦芽糖（マルトース）

[正解] a. スクロース：β-D-fructofuranosyl-α-D-glucopyranoside
　　　　b. ラクトース：4-O-β-D-galactopyranosyl-β-D-glucopyranoside
　　　　d. マルトース：4-O-α-D-glucopyranosyl-β-D-glucopyranose

問 17 次の構造を有する化合物の名称と薬効ならびに IUPAC 名を記しなさい．

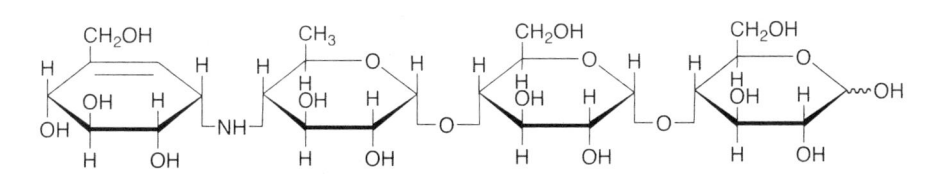

[正解] アカルボース；α-グルコシダーゼ阻害剤
O-4,6-dideoxy-4[[[1S-(1α,4α,5β,6α)-]-4,5,6-trihydroxy-3-(hydroxymethyl)-2-cyclohexen-1-yl]amino]-α-D-glucopyranosyl-(1→4)-O-α-D-glucopyranosyl-(1→4)-D-glucose

問 18 ヒアルロン酸の IUPAC 名を書け．構造式は 78 頁の 4) ⅰ) を見て下さい．

[正解] [→3)-2-acetamido-2-deoxy-β-D-glucopyranosyl-(1→4)-β-D-glucopyranosyl-uronic acid-(1→]ₙ

問 19 a～d の脂肪酸の名称を答えなさい．
　　a 18：1 (9)　　b 18：3 (9, 12, 15)　　c 18：3 (6, 9, 12)　　d 22：6 (4, 7, 13, 16, 19)

[正解] a. オレイン酸　　b. α-リノレン酸　　c. γ-リノレン酸　　d. ドコサヘキサエン酸

命名法に関する問題

問 20 次の化合物（Fischer 投影式で示している）に関連する記述のうち，正しいものはどれか．

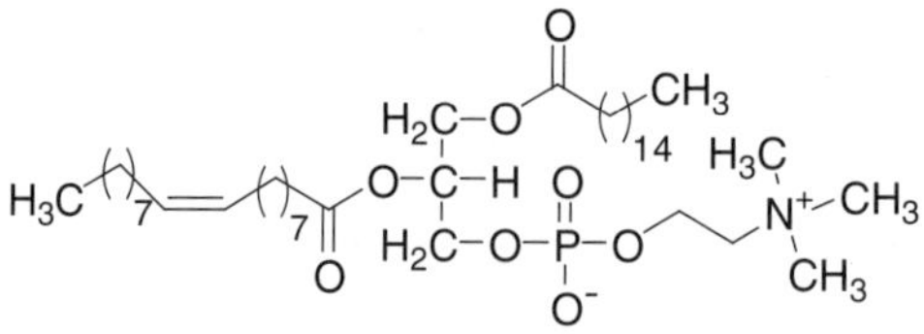

- **a** 本化合物はスフィンゴリン脂質に分類される．
- **b** 2 位の炭素の立体配置は S 配置である．
- **c** 2 位に結合している脂肪酸はオレイン酸である．
- **d** 本化合物は中性脂肪である．

[正解] c

問 21 昇圧作用をもつペプチドであるアンギオテンシンⅡの N 末端アミノ酸および C 末端アミノ酸を構造式で記し，さらにそれらの IUPAC 名も書いてみましょう．

Asp-Arg-Val-Tyr-Ile-His-Pro-Phe

アンギオテンシンⅡ

[正解] N 末端は L-アスパラギン酸 (2S)-2-aminobutanedioic acid
C 末端は L-フェニルアラニン (2S)-2-amino-3-phenylpropanoic acid

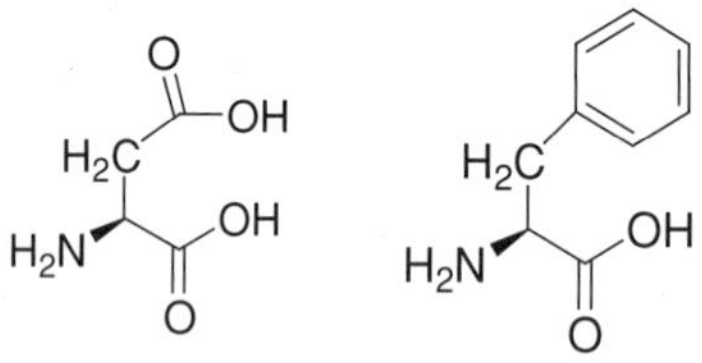

化合物名索引

ア

アクタリット 59
アクリル酸 57
アジド 16
アジピン酸 57
アスパラギン 87
アスパラギン酸 88
アスパルテーム 89
アスピリン 59
アセタミド 58
アセチル 16
アセチレン 11
アセトアミノフェン 29, 59
アセトキシ 16
2-アセトナフトン 48
アセトフェノン 48
アセトヘキサミド 43
アセトン 46
アゾ 16
アニソール 26
アフロクアロン 17
アミド 53, 58
アミノ 16
アミノ安息香酸エチル 59
アミノ酸 85
L-アミノ酸 86
アミロース 77
アミロペクチン 77
アミン 31
アラキジン酸 80
アラキドン酸 80
アラニン 39, 86
アリル 16
アルカン 9
アルギニン 88
アルキン 11
アルケン 10
アルコール 15, 19
アルデヒド 16, 43, 44
アルドース 70
アルドヘキソース 72
アルプロスタジル 60
アルミノプロフェン 60
アンスリル 17
アンスロン 48
アンセリン 90
安息香酸 57
アントラキノン 49
アントラセン 12, 28
アンモニウム化合物 32
アンレキサノクス 50

α-リノレン酸 80
α-D-グルコース 73

イ

イソキサゾール 28
イソ吉草酸 56
イソキノリン 28
イソシアナト 16
イソシアノ 16
イソニアジド 66
イソニコチン酸 58
イソニトリル 16
イソプロピル 16
イソ酪酸 56
イソロイシン 87
イプリフラボン 50
イミダゾリル 18
イミダゾール 28
イミノ 16
イミン 33
インデン 28
インドメタシン 17
インドリル 18
インドール 28

ウ

ウラシル 28
ウルソデオキシコール酸 60

エ

エイコサペンタエン酸 81
エストロン 25
エタン 9
エタンブトール 29
エチニル 11, 16
エチル 16
エチレン 11
エチン 11
エーテル 15, 16, 26
エテン 11
エテンザミド 60
エトキシ 16
エナント酸 56
エピネフリン 29
エフェドリン 29
エポキシ 16
エポキシド 15, 27, 29
エモジン 25
エリトロース 75
塩化ナトリウム 3
エンドルフィン類 91

オ

オイゲノール 24
オキサ 27
オキサシクロアルカン 27
オキサゾール 28
オキサプロジン 60
オキシ 16
オキシコドン塩酸塩水和物 49
オキシトシン 90
オキシム 35
オクタン 9
オクタン酸 56
オセルタミビルリン酸塩 53
オリゴペプチド 85
オレイン酸 57, 80

カ

カイニン酸 64
苛性アルカリ 4
苛性ソーダ 4
カプリル酸 56
カプリン酸 56
カプロン酸 56
カルコン 48
カルジオリピン 83
カルノシン 90
カルバモイル 16
カルバルデヒド 44
カルボキシル 16
L-カルボシステイン 60
カルボニル 16
カルボン酸 53, 54
ガングリオシド 84
γ-アミノ酪酸 86
γ-リノレン酸 80
d-カンフル 50

キ

ギ酸 55, 56
吉草酸 55, 56
キニーネ塩酸塩水和物 65
キノリン 28
キノン 49

ク

クマリン 28
クラウンエーテル 27
グリコーゲン 77
グリシン 86
グリセリン 71, 79
グリセルアルデヒド 70, 75

グリセロ糖脂質　84
グリセロリン脂質　82, 83
グリセロール　71, 79
グルコース　70, 75
グルタチオン　90
グルタミン　87
グルタミン酸　88
グルタラール　49
グルタル酸　57
クレゾール　12
クロミプラミン塩酸塩　68
クロルプロマジン塩酸塩　68

ケ

ケイヒ酸　57
ケタミン塩酸塩　50
ケテン　43, 48
ケトース　70
ケトプロフェン　60
ケトン　43, 46
ケファリン　83
ゲンチオビオース　76

コ

コハク酸　57
コリン　83
コルヒチン　50
コンドロイチン硫酸　78

サ

酢酸　55, 56
サリチル酸　24
サリチル酸メチル　61
サリドマイド　39
サントニン　50

シ

ジアゾ　16
シアノ　16
シアノコバラミン　22
シアン化カリウム　3
シアン化物　34
1,4-ジオキサン　27
シコニン　24
システイン　87
ジヒドロキシアセトン　70, 75
ジメチルエーテル　26
ジモルホラミン　65
シュウ酸　57
重曹　3
ショ糖　76

ス

水酸化ナトリウム　4
ステアリン酸　56, 80
ステロイド　28

スフィンゴシン　82, 84
スフィンゴ糖脂質　84
スフィンゴミエリン　84
スフィンゴリン脂質　82, 84
スルフイソキサゾール　66
スルフィド　16
スルフィニル　16
スルホ　16
スルホキシド　16
スルホニル　16
スルホン　16

セ

青酸カリ　3
石炭酸　23
セドヘプツロース　75
セファロチンナトリウム　53
セラミド　84
セリン　87
セルロース　77
セレブロシド　84
セロトニン　25
セロビオース　76
センノシド　50

ソ

ソリブジン　11

タ

タミフル　53
炭酸水素ナトリウム　3
炭酸ナトリウム　4

チ

チアゾール　28, 64
チアミン塩化物塩酸塩　66
チアラミド塩酸塩　65
チエニル　18
チオフェニル　18
チカルシリンナトリウム　18
チモール　24
チロシン　87

テ

テガフール　11
デカン　9
デカン酸　56
Δ⁹-テトラヒドロカンナビノール　25
テトラヒドロピラン　27
テトラヒドロフラン　27
テレフタル酸　57

ト

ドキソルビシン塩酸塩　51
ドコサヘキサエン酸　81

トラネキサム酸　61
トリアシルグリセロール　82
トリグリセリド　82
トリプトファン　87
トリル　17
トルエン　12
トレオニン　87
トレハロース　76

ナ

ナフタレニル　17
ナフタレン　12
ナフチル　17
ナフトエ酸　57
ナフトキノン　49
ナプロキセン　17

ニ

ニコチン酸　58
ニコチン酸アミド　60
ニトラゼパム　17, 67
ニトリル　16, 34
ニトロ　16
ニトロソ　16
乳酸　41
乳糖　76

ノ

ノナン　9
ノルアドレナリン　39

ハ

バイカレイン　25
麦芽糖　76
バソプレッシン　90
パパベリン塩酸塩　17
バリン　86
バルビツール酸　28
パルミチン酸　56, 80, 81
パルミトイルオレオイルホスファチジルコリン　84
パルミトレイン酸　80

ヒ

ヒアルロン酸　78
ピクリン酸　24
ヒスチジン　88
ビタミン B_1　66
ビタミン B_{12}　22
ヒダントイン　28
ヒドラゾ　16
ヒドロキシ　16
ヒドロキシアミノ　16
ヒドロキシルアミン　35
ヒドロキノン　23
ビニル　16

ピバル酸　56
ビフェニリル　17
ビフェニル　12
ピラゾロン　28
ピラノース　75
ピリジニル　18
ピリジル　18
ピリジン　28, 64
ピリミジン　28, 64
ピロカテコール　23
ピロカルピン塩酸塩　18
ピロリジン　28
ピンドロール　18

フ

フィトナジオン　50
フェナシル　17
フェナントレン　12, 28
フェニル　17
フェニルアラニン　87
フェニレン　17
フェノキシ　17
フェノチアジン　28
フェノール　15, 23
フェリシアン化カリウム　4
フェンブフェン　17
フォンダパリヌクスナトリウム　74
フタル酸　57
ブタン　9
プテリジン　28
フマル酸　41, 57
ブメタニド　17
フラニル　18
フラノース　75
フラボン　28
フリル　18
プリン　28
フルクトース　70
プロゲステロン　50
プロスタグランジンE_1　22
フロセミド　18
プロパン　9

プロピオニル　16
プロピオン酸　56
プロピル　16
プロピレン　11
2-プロペニル　16
プロペン　11
プロリン　87

ヘ

ヘキサデカン酸　81
ヘキサナミド　58
ヘキサン　9
ヘキサン酸　56
ペクチン　78
ヘパリン　78
ヘプタン　9
ベンジル　17
ベンズブロマロン　18, 49
ベンゼン　12
ベンゾイル　17
ベンゾキノン　49
ベンゾジアゼピン　28
ベンゾフラニル　18
ペンタン　9

ホ

芒硝　3
ホスファチジルエタノールアミン　83
ホスファチジルグリセロール　83
ホスファチジン酸　83
ホルマリン　49
ボンビコール　22

マ

マイトマイシン C　51
マレイン酸　41, 57
マロン酸　57

ミ

ミリスチン酸　80

メ

メタン　9
メチオニン　88
メチオニンエンケファリン　91
メチラポン　18, 49
メチリデン　16
メチルエフェドリン　29
メトキシ　16
メトロニダゾール　66
メルカプト　16
メルカプトプリン　67
メントール　29, 42

モ

2-モノアシルグリセロール　82
モルヒネ　24

ラ

ラウリン酸　56, 80
ラクタム　63
ラクトン　63

リ

リシン　88
リノール酸　80
リボース　75
硫酸ナトリウム　3
リン酸二水素カリウム　5

レ

レシチン　83
レゾルシノール　23
レチナール　43
レチノール　29
レボドパ　25

ロ

ロイシン　86
ロイシンエンケファリン　91

ワ

ワルファリンカリウム　49, 67

日本語索引

ア
アジド 16
アセチル 16
アセトキシ 16
アゾ 16
アミド 53, 58
アミノ 16
アミド結合 53
アミノ酸 85
アリル 16
アリル基 11
アルキル基 9
アルデヒド 16, 43, 44
　IUPAC 命名法 44
アルデヒド基 70
アンモニウム化合物 32
α 形 73
α-ヘリックス構造 91
IUPAC 規則名 13
R 法 20, 47
R/S 表示法 38

イ
異項環 63
いす形 74
異性体 9, 23, 37
イソ 9
位置異性体 37
1 価アルコール 19
陰イオン 4
陰性成分 4
E 体 41
E/Z 表示法 41

ウ
右旋性 73

エ
液体 9
エステル 53, 58
エステル結合 53
エチル 16
エチル基 9
エトキシ 16
エナンチオマー 42, 72
エポキシ 16
エポキシド 15, 27, 29
塩基性アミノ酸 88
エンドルフィン類 91
L 系列 40
L 体 40

n-3 系 81
n-6 系 81
N 末端アミノ酸 88
S 法 19, 23, 44, 47, 54

オ
オキサ 27
オキシ 16
オキシム 35
オクチル基 9

カ
カルボキシル 16
カルボニル 16
カルボニル化合物 43
カルボニル基 43
カルボン酸 53, 54
環式不飽和炭化水素 12
環状エーテル 27
官能基異性体 37
慣用名 13, 21, 46, 55

キ
幾何異性体 37, 41
基官能命名法 20, 47
気体 9
鏡像異性体 37
鏡像体 42
キラリティー 38
キラル 38
ギリシャ数詞 25

ケ
ケト 16
ケト基 70
ケトン 43, 46
　IUPAC 命名法 47

コ
光学異性体 37, 38
構造異性体 37
国際純正および応用化学連合 13
固体 9
骨格異性体 37
コバルトイオン 22

サ
左旋性 73
3 価アルコール 19
残基 88
酸性アミノ酸 88

シ
ジアステレオマー 72
ジアゾ 16
シアノ 16
シアン化物 34
脂質 79
シス 41
シス形 41
シッフ塩基 33
脂肪酸 79
脂肪族アルコール 15
順位則 38
C 法 21, 46, 55
C 末端アミノ酸 88
CIP 則 38

ス
スルフィド 16
スルフィニル 16
スルホ 16

セ
接合命名法 21, 46, 55
絶対配置 38
Z 体 41

タ
第 1（級）アルコール 19
第一級アミン 31
第 3（級）アルコール 19
第三級アミン 31
第 2（級）アルコール 19
第二級アミン 31
第四級アンモニウム塩 31
ターシャル 10
単純脂質 79
炭水化物 69
炭素環系ケトン 48
タンパク質 85, 91

チ
チエニル 18
チオ 16
チオフェニル 18
置換命名法 19, 44, 54
窒素-酸素単結合 35
窒素-酸素二重結合 33, 34, 36
中性アミノ酸 86
中性脂肪 79
直鎖状 9

ツ
通称名　3
通俗名　13

テ
デシル基　9
D 系列　40
D 体　40
d/l 表記　40
D/L 表示法　40

ト
糖脂質　84
糖質　69
トランス　41
トランス形　41
トリル　17

ナ
ナフタレニル　17
ナフチル　17

ニ
2価アルコール　19
ニトロ　16
ニトロ化合物　36
ニトロ基　36
ニトロソ　16
ニトロソ化合物　36

ノ
ノニル基　9
ノルマル　9

ハ
Haworth 式　72

ヒ
必須アミノ酸　86
ヒドラゾ　16
ヒドロキシ　16
ビニル　16
ピラノース形　74
ピリジニル　18
ピリジル　18

フ
フェナシル　17
フェニル　17
フェノキシ　17
複合脂質　82
複製原子　38
複素環　63
複素環系ケトン　48
複素環式化合物　63
不斉炭素原子　86
二つ枝分かれ　9
ブチル基　9
舟形　74
不飽和脂肪酸　80
不飽和炭化水素　10
フラニル　18
フラノース形　74
フリル　18
プロピオニル　16
プロピル　16
プロピル基　9
Fischer 投影式　40, 72

ヘ
ヘキシル基　9
ヘテロ環　63
ヘテロ原子　63
ペプチド　85, 88
ヘプチル基　9
ベンジル　17
変旋光　73
ペンチル基　9
β 形　73
β-シート構造　91
β-ラクタム　28

ホ
芳香族アルコール　15
芳香族炭化水素　12
芒硝　3
飽和脂肪酸　80
ホルミル　44

ミ
三つ枝分かれ　10

メ
命名　13
メチル基　9
メトキシ　16

ヨ
陽イオン　4
陽性成分　4

ラ
ラクタム　63
ラクトン　63

リ
立体異性体　37, 72
立体配座　42
立体配置　42
リン脂質　82

外国語索引

A

absolute configuration　38
acetamide　58
acetaminophen　59
acetic acid　55, 56
2-acetonaphthone　48
acetone　46
acetophenone　48
acetylene　11
acridine　68
acrylic acid　57
actarit　59
adipic acid　57
alanine　86
alcohol　15
aldehyde　43
aliphatic alcohol　15
alkane　9, 10
alkyl group　9
alkyne　11
alminoprofen　60
alprostadil　60
amlexanox　50
anisole　26
anthracene　12
anthrone　48
arginine　88
asparagine　87
aspartic acid　88
aspirin　59

B

baicalein　25
benzbromarone　49
benzene　12
benzenehexachloride　23
benzocaine　59
1,4-benzodiazepine　67
benzofuran　67
benzoic acid　57
benzothiazole　67
benzothiophene　67
BHC　23
biphenyl　12
bombykol　22
butane　9
butyric acid　56

C

d-camphor　50
capric acid　56
caproic acid　56
caprylic acid　56
L-carbocisteine　60
carbohydrate　69
carboxy group　53
cefalotin sodium　53
chalcone　48
chiral　38
chroman　67
cinnamic acid　57
cis-form　41
colchicines　50
configuration　42
conformation　42
conjugated lipids　82
conjunctive nomenclature　21, 46, 55
coumarin　67
cyanide　34
cysteine　87

D

decane　9
decanoic acid　56
dextrorotatory　73
dibenzoazepine　68
dimethyl ether　26
dodecanoic acid　80
L-DOPA　25
doxorubicin hydrochloride　51

E

eicosanoic acid　80
emodin　25
enanthic acid　56
enantiomer　42
estrone　25
ethane　9
ethene　11
ethenzamide　60
ether　15
ethylene　11
ethyne　11
eugenol　24

F

Fischer projection　40
fondaparinux sodium　74
formaldehyde　49
formalin　49
formic acid　55, 56
fumalic acid　41, 57

furan　65
furanose　75

G

GABA　86
geometrical isomer　41
glutamic acid　88
glutamine　87
glutaral　49
glutaraldehyde　49
glutaric acid　57
glycerophospholipids　83
glycine　86
glycolipids　84

H

heptane　9
hexadecanoic acid　80
hexanamide　58
hexane　9
hexanoic acid　56
histidine　88
hydroquinone　23
hydroxylamine　35

I

imidazole　66
imine　33
indole　67
ipriflavone　50
isobutyric acid　56
isochroman　67
isoleucine　87
isonicotinic acid　58
isoquinoline　67
isovaleric acid　56
isoxazole　66
IUPAC　13

K

ketamine hydrochloride　50
ketene　43, 48
ketone　43
ketoprofen　60

L

lauric acid　56
leucine　86
levorotatory　73
lipids　79
lysine　88

M

maleic acid 41, 57
malonic acid 57
menthol 42
methane 9
methionine 88
methyl salicylate 61
metyrapone 49
mitomycin C 51
morphine 24
morpholine 65

N

naphthalene 12
naphthoic acid 57
neutral lipids 79
nicotinamide 60
nicotinic acid 58
nitrile 34
nitro group 36
nitroso group 36
nomenclature 13
nonane 9
noradrenaline 39

O

octadecanoic acid 80
octane 9
octanoic acid 56
oleic acid 57
oseltamivir phosphate 53
oxa 27
oxacycloalkane 27
oxalic acid 57
oxaprozin 60
oxazole 66
oxime 35
oxycodone hydrochloride 49

P

palmitic acid 56
pentane 9
phenanthrene 12
phenazine 68
phenol 15, 23
phenothiazine 68
phenylalanine 87
phospholipids 82
phosphosphingosides 84
phtalic acid 57
phthalazine 67
phytonadione 50
picric acid 24
piperazine 65
piperidine 64
pivalic acid 56
primary alcohol 19
primary amine 31
progesterone 50
proline 87
propane 9
propene 11
propionic acid 56
propylene 11
prostagrandin E$_1$ 22
pteridine 67
purine 67
pyran 66
pyranose 75
pyrazole 66
pyridine 64, 66
pyrimidine 64
pyrocatechol 23
pyrrole 65
pyrrolidine 64

Q

quaternary ammonium salt 31
quinoline 67
quinuclidine 65

R

radicofunctional nomenclature 20, 47
resorcinol 23

S

salicylic acid 24
santonin 50
Schiff's base 33
secondary alcohol 19
secondary amine 31
sennoside 50
sequence rule 38
serine 87
serotonin 25
shionin 24
simple lipids 79
stearic acid 56
substitution nomenclature 19, 44, 54
succinic acid 57

T

terephthalic acid 57
tertiary alcohol 19
tertiary amine 31
tetradecanoic acid 80
Δ^9-tetrahydrocannabinol 25
tetrahydrofuran 64
tetrahydropyran 64
thalidomide 40
1,3,4-thiadiazole 66
thiazole 64, 66
thiophene 65
threonine 87
thymol 24
toluene 12
tranexamic acid 61
trans-form 41
tryptophan 87
tyrosine 87

U

ursodeoxycholic acid 60

V

valeric acid 55, 56
valine 86

W

warfarin potassium 49

X

xanthene 68

わかりやすい化合物命名法

著者承認
検印省略

定 価（本体 1,500 円 + 税）

平成 20 年 12 月 20 日 初版発行©
平成 22 年 1 月 30 日 2 刷発行

著 者 山本郁男（やまもと いくお）
細井信造（ほそい しんぞう）
夏苅英昭（なつかり ひであき）
高橋秀依（たかはし ひでよ）

発行者 廣川節男
東京都文京区本郷 3 丁目27番14号

発行所 株式会社 廣川書店
〒 113-0033 東京都文京区本郷 3 丁目 27 番 14 号
〔編集〕電話 03(3815)3656 FAX 03(5684)7030
〔販売〕電話 03(3815)3652 FAX 03(3815)3650

Hirokawa Publishing Co.
27-14, Hongō-3, Bunkyo-ku, Tokyo

分析化学Ⅰ－基礎化学から医療薬学へ

京都薬科大学教授 安井 裕之／金城学院大学教授 岡 尚男 編集
京都大学大学院教授 栄田 敏之
B5判 210頁 4,200円

本書は、モデル・コアカリキュラムのC2コース"化学物質の分析"を構成する「化学平衡」，「化学物質の検出と定量」および「分析技術の臨床応用」を踏まえたうえで、基礎から医療への縦のつながりや科目間の横のつながりを理解できる内容となっている．また、章末にはその章でのポイントと演習問題を記載し、到達度を確認できるよう編集した．

分析化学Ⅱ－機器分析の医療薬学への応用

金城学院大学教授 岡 尚男／京都薬科大学教授 安井 裕之 編集
京都大学大学院教授 栄田 敏之
B5判 260頁 4,200円

機器分析の修得は、新しい時代の6年制薬剤師・薬学研究者にとって必要不可欠です．「分析化学Ⅱ」は、モデル・コアカリキュラムのC2、C3、C4の機器分析学に関連する到達目標（SBOs）を網羅するように編集され、基礎薬学から医療薬学への縦のつながりや各科目同士の横のつながりを理解できるように執筆されています．

薬物動態学

京都大学大学院教授 栄田 敏之／名城大学教授 灘井 雅行 編集
昭和薬科大学教授 山崎 浩史
B5判 210頁 3,990円

本書は、モデル・コアカリキュラムC13の薬物動態学に関する項目に完成対応させた講義あるいは自習用の教科書であり、学部生向けに、できる限りわかりやすく記述した．薬の生体内運命、吸収、分布、代謝、排泄、用法、用量の設定、薬物速度論、および薬物血中濃度モニタリングの8章から構成されている．

製剤学・物理薬剤学

京都大学大学院教授 栄田 敏之／名城大学教授 岡本 浩一 編集
帝京大学教授 唐澤 健
B5判 310頁 5,040円

「薬学教育モデル・コアカリキュラム」，C16製剤化のサイエンスに対応させた．おおよそ15回程度の講義を想定し、できる限り平易な内容とした．

実務実習事前学習のための 調剤学

北里大学教授 厚田幸一郎／京都薬科大学教授 畝﨑 榮 編集
北里研究所病院薬剤部長 京都大学大学院教授 栄田 敏之
B5判 230頁 3,990円

実務実習へ向かう学生が、事前に、より充実した学習ができるように、「実務実習モデル・コアカリキュラム」のⅠ．に完全に対応させた調剤学の教科書である．

実務実習事前学習のための 調剤学計算ドリル

京都大学大学院教授 栄田 敏之 編集
B5判 100頁 予価2,000円

実務実習に先立って、薬剤師勤務に必要な知識、技能、態度を習得する目的で事前学習が、習得を確認する目的で共用試験が行なわれます．本書では、内外用薬、注射薬の計算計数調剤、および散剤、液剤、外用剤、注射剤の計量調剤において、50問近くの例題を示し、薬袋作成を含めて、詳しく解説しています．自習用に100問以上の演習問題も含めました．必要な知識をまとめた「実務実習事前学習のための調剤学」と併せてご活用ください．

医薬品開発論

京都大学大学院教授 栄田 敏之／武庫川女子大学教授 岡村 昇 編集
岐阜薬科大学教授 原 英彰
B5判 250頁 予価4,000円

薬学部6年制に準じて、薬学モデル・コアカリキュラムの「医薬品の開発と生産」の講義を対象とした教科書．医薬品開発における探索研究、非臨床研究、医薬品の製造、最近の創薬の方向性、知的財産など、医薬品開発の流れが分かりやすいよう構成され、理解を深めるために多くの図を用い、また各章末に問題を掲載．

わかりやすい 薬事関係法規・制度

岐阜薬科大学教授 木方 正／国際医療福祉大学教授 佐藤 拓夫 編集
千葉科学大学教授 安田 一郎／福岡大学教授・筑波病院薬剤部長 神村 英利
B5判 410頁 4,725円

2色刷 本番では、薬学生にとってなじみが薄い法律・制度をわかりやすく解説した．それぞれ対応する6年制薬学教育モデル・コアカリキュラムの到達目標（SBO）を示し、節ごとに要点となる事項を記したチェックポイントの表および演習問題を設けて学習すべきポイントを明らかにし、理解しやすくした．

廣川書店
Hirokawa Publishing Company

113-0033 東京都文京区本郷3丁目27番14号
電話03(3815)3652 FAX03(3815)3650 http://www.hirokawa-shoten.co.jp/